【绿色生活系列】

吃不够忘不掉的100道鸡肉料理

【韩】刘善美 著
卢静 译

按照菜谱就可以轻松做出来的鸡肉盛宴！
清淡健康的100道韩式鸡肉料理，
让你爱上下厨，百吃不厌！

机械工业出版社
CHINA MACHINE PRESS

图书在版编目（CIP）数据

吃不够忘不掉的100道鸡肉料理 / （韩）刘善美著；卢静译.
—北京：机械工业出版社，2015.8
书名原文：All that CHICKEN
ISBN 978-7-111-52003-0

Ⅰ.①吃…　Ⅱ.①刘…　②卢…　Ⅲ.①鸡肉-菜谱　Ⅳ.①TS972.125

中国版本图书馆CIP数据核字（2015）第260002号

机械工业出版社（北京市百万庄大街22号　邮政编码100037）
策划编辑：刘文蕾　陈　伟　　责任编辑：姜佟琳
封面设计：吕凤英　　责任校对：朱丽红
责任印制：李　洋
北京汇林印务有限公司印刷

2016年1月第1版・第1次印刷
170mm×210mm・10.333 印张・287 千字
标准书号：ISBN 978-7-111-52003-0
定价：39.80元

凡购本书，如有缺页、倒页、脱页，由本社发行部调换
电话服务
服务咨询热线：（010）88361066
读者购书热线：（010）68326294
（010）88379203
网络服务
机工官网：www.cmpbook.com
机工官博：weibo.com/cmp1952
教育服务网：www.cmpedu.com
金书网：www.golden-book.com
封面无防伪标均为盗版

吃不够忘不掉的100道鸡肉料理

自序

20世纪90年代初，年满十八岁的我在加拿大留学。那时，我把父母所给生活费的70%都花在了吃饭上。与其说是为了填饱肚子，不如说过着与高中生身份完全不相符的生活。我常常在周末横穿温哥华罗布森大街搜罗美食［编者注——罗布森大街（Robson Street），作为温哥华具有代表性的繁华街道，是韩国留学生的聚集地，同时还聚集着各种名品商店和餐馆］：早餐以中国原汁清汤面开启新的一天，午餐吃点装饰西红柿和茄子的比萨，晚餐探访可以品尝到各式料理的自助餐厅，这便是我关注料理的开始。

当时不像现在有博客文化，我只能拿着宝丽来给美食拍照，再将与美食店相关的信息以日记的形式记录下来。之后，学习音乐的我回到了韩国，偶然的机会进入了韩国MBC电视台，成了一名广播作家。日日夜夜工作繁忙，曾经将探访美食店和记录作为每天必修课的我，现在不得不用小卖店的紫菜包饭和矿泉水来解决吃饭问题。

工作就像松鼠转轮一样单调乏味，当时也许就是我人生中最忧郁的时光了。后来我放弃了与自己性格不相符的工作，重新回到美国去完成未尽的学业。在洛杉矶，我碰见了现在的丈夫并且结了婚，现在生活在拉斯维加斯。一来到拉斯维加斯，我怀着前往孤岛的心情，在这个不管是人还是蚂蚁都很难见到的超过四十度高温的沙漠里，想象着我在此该如何生存？这时候，丈夫告诉我在拉斯维加斯有一所不错的料理学校，并劝我过去学习。我半信半疑地开始了学习，从此一发不可收拾。至今，我学习美食料理已有七个年头了。

编写这本书用了两年的时间，这期间我还生下了我可爱的孩子。比起说是料理师，更应该说我是有孩子的家庭主妇了。一边工作一边照顾孩子并不是一件容易的事，在家里照顾孩子的妈妈们根本就没有属于自己的时间。我也是倍感焦急。这本书就是这样挤时间完成的，希望它的完成能够给妈妈们以希望。

与牛肉、猪肉相比，鸡肉的需求量更大，是全世界人民都很喜欢的食材。本书所涉及的料理都是非常经典的、大众喜爱的鸡肉菜品，烹饪方法也不复杂，简便易操作，可以在家制作。

在编写这本书的同时，我对于鸡肉卫生方面的知识也特别关注了一下。无论是在外用餐还是在家里吃鸡肉，一定要确认鸡肉的颜色为白色，特别是在外用餐的时候，如果发现鸡肉的颜色有些粉红色，便可要求再次烹饪加工。虽然鸡肉美味，但是如果不熟透食用的话，可能对身体带来致命的损害。

考虑到健康问题，书中的料理减少了食盐的使用。如果鸡肉新鲜的话，即使不使用食盐，鸡肉本身的原味也非常鲜美。为了喜爱鸡肉的食客们，我会在料理烹饪方法开发上更加用功，制作出更加美味、更加高级的料理，有机会会再次呈现给大家。

希望阅读此书的读者能够心想事成，同时对为出版此书而做出努力的出版社同仁表示感谢。

作者 刘善美

目录

Part. 3 盒饭和一品料理

Part. 4 早午餐和餐后甜点

Part. 5 招待客人的料理

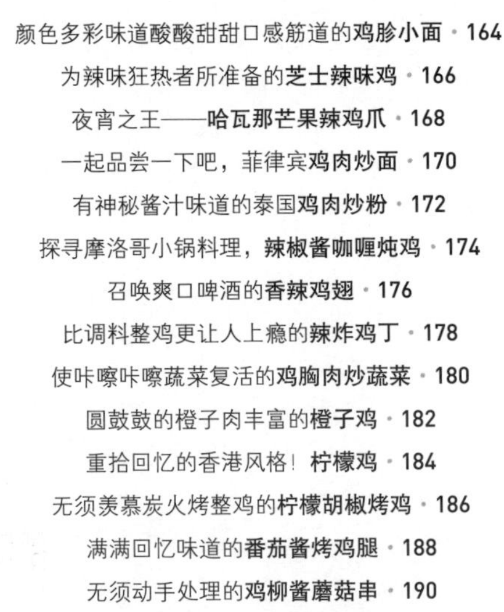

Part. 6 鸡汤饮品及相宜配餐

1. 仔细了解、购买烹饪工具

在厨房里，使用工具不同，烹饪食物的效率也会有所不同。烹饪前，判断什么重要什么不重要开始就不是那么容易。即使是九段厨师挑选一口锅也需要花费不少时间。在新商品层出不穷的今天，让我们用一天的时间寻找自己厨房中所需要的厨具吧。

● 平底锅&小炖锅（Pan & Pot）

有人会问厨房中最常用的厨具难道不就是平底锅和小炖锅吗？事实上，在高温环境下爆炒、煎炸使用的平底锅很容易出现瑕疵。让我们来了解一下在家中使用方便并且安全的平底锅吧。

不锈钢锅

使用不锈钢锅做饭的时候，食用油必须涂满锅底，由于传热快，隔热手套成了必需品。尽管使用不锈钢锅做饭有诸多不便，但是加热迅速，这是不锈钢锅最大的优点。同时，不锈钢锅使用起来也不用像使用涂层锅一样担心涂层脱落，比较安全。但是，如果掌握不好火候的话，食物很容易烧煳，食物黏在锅底在清洗的时候也会有麻烦。

双涂层不粘锅

双涂层不粘锅内壁非常光滑，即使不放油也可以煎蛋，食物也不太会黏在锅上，做完饭刷锅的时候用厨房布擦一下即可，非常方便。如图所示，银色汤锅（特大）底面直径25cm/8.0L适合于熬制10人份的牛肉汤，蓝色的汤锅（大）底面直径20cm/4.0L适合熬制6人份的汤。

法国乐锅（Le Creuset）

法国乐锅（Le Creuset）是法国的厨房用品品牌，主要经营珐琅、生铁铸件厨具。即使在低温情况下，法国乐锅制品也能通过迅速吸收热量来完成烹饪，且无须使用特别的清洗剂用清水擦洗即可。但由于是生铁铸造，重量大。法国乐锅主要在熬汤以及烹饪韩国豆芽饭时使用，作用跟黑铁锅一样。即使是需要长时间熬制的排骨汤也可以很快地使肉质酥软，家里最好准备一口。铸造、生铁厨具不仅仅有法国乐锅，类似的产品还有很多。原来一说到生铁制品大都是黑色粗糙的容器，现在加上了双涂层，在功能方面能够更快地传热，即使不盛在碟子里，直接用汤锅或平底锅将食物呈上桌的话，由于其华丽的原色涂层，也会使人胃口大增。使用法国乐锅来烹饪料汁鸡爪还有烤鸡胗都是不错的选择。

不锈钢汤锅

用不锈钢汤锅来代替法国乐锅（Le Creuset），在炉子上炖鸡或是炖牛肉然后放入烤箱烤熟，肉质软嫩，味道极佳。直径15cm/1.4L的小汤锅适合煮2人份的粥和1人份的方便面。

注意事项

去除汤锅污渍

汤锅或平底锅锅内或锅底产生污渍后可用以下方法去除：在厨房的水槽里倒入热水，没过汤锅即可，在水中放入一杯小苏打，将脏兮兮的汤锅泡上一夜，第二天用钢丝球蘸洗涤剂清洗，汤锅就会焕然一新，光泽如初。

但是，如果汤锅有涂漆，先用钢丝球轻轻清理一下锅底，如果没有掉漆，再用钢丝球进行整体的清理。涂层平底锅如果用钢丝球刷的话可能会使表面的涂层脱落，请加以注意。

● 烧烤锅（Grill Pan）

烧烤锅的锅面有横条纹路，在锅上烤肉类或是蔬菜，食材上就会出现好看的纹路。

双涂层烧烤平底锅

双涂层烧烤锅能够把鸡胸肉烤制得更加美味。由于使用的是双涂层，所以即使不使用食用油，肉也不会黏在锅上，并且在肉和蔬菜上留下让人胃口大增的好看纹路。双涂层平底锅是不锈钢锅把，可以从炉子直接转移到烤炉。

铸铁烧烤平底锅

用生铁铸成的铸铁烧烤平底锅即使炉火微弱也可以很快地吸收热量，可以在短时间内烤出美味的烤肉。虽然有这些优点，但是由于是生铁铸成，有一定的重量，一只手很难将其拿起。此外，锅的表面没有涂层，所以如果没在使用之前刷上食用油的话，食材很容易黏在锅底，刷锅时就会很麻烦。

● 其他厨房用品

此外还有能使烹饪更加便利的各种厨具。在使用这些厨具时，首先忠实于产品的基本用途，另外只要我们稍微改变一点想法，在基本用途外，是可以找到其新用途的。

曲奇烤盘

烧烤平底锅就只能做烧烤了吗？想要把原来的曲奇平底锅扔掉，但是又觉得可惜的时候，让我们来想想它的其他用途吧。使用烤盘来处理整鸡，不必使用单独案板，也不需要杀菌处理，稍加清洁剂，用热水烫一遍即可，非常方便。所以，用老曲奇烤盘来处理鸡肉或是鱼肉即使不另外使用案板也不用担心卫生问题。

微波炉用塑料碗

家庭生活中经常将塑料保鲜膜放入微波炉中用于加热食物或是烹饪食材，但是塑料保鲜膜放入微波炉三分钟以上就会融化掉。有盖子的塑料多用途碗在微波炉中可以持续使用更久的时间，在烤制鸡胸肉的时候非常有用，同时也不用每次购买塑料保鲜膜，总起来看更加经济实用。

量勺/量杯

量勺可以细分为1大勺，1/2大勺，1小勺，1/2小勺，1/4小勺，1/8小勺。量杯可以精确分为1杯、1/2杯、1/3杯、1/4杯。家中准备一套，不管烹饪还是烤制食物上均用途广泛。

市场上有塑料制品、瓷器和不锈钢制品等多种材质的量勺量杯，可根据喜好自行选择。

大容量玻璃量杯

有机玻璃是无公害产品，在测量大容量液体时非常便利。以1杯250ml为基准，分别有500ml、1L、2L不同的型号，挑选准备这种量杯，在量取液体时使用，不论是烹饪美式料理还是韩国料理都很方便。

处理柠檬工具

如图所示，最左边是榨取柠檬汁的产品，在榨取柠檬汁的同时去核，使用方便，价格低廉。中间的红色工具，将柠檬放入其中挤压即可获取柠檬汁。最右边是用来剥柠檬皮还有橙子皮的工具，方便快捷。剥香料中坚果壳也要比想象中方便。如果没有柠檬工具，用一只手的手指夹住柠檬表面，另一只手的去挤压也可挤出柠檬汁。

冰方盒

冰方盒很容易让人联想到是用来冻冰块的器具，但是除了冰块以外还可以用来冻肉汤及调味汁等，将其冻成块状方便使用。虽然冰方盒大小各有不同，但购买基本的冰方盒，将鸡肉、汤、压实香草、榨好的

梨汁、捣好的蒜泥、切碎的生姜等一次没能用完的食材简单地冻起来放入保鲜袋中，需要的时候拿出来使用，简单方便。特别是每个冰方盒都有各自的盖子，即使放在一起，食物也不会串味，方便使用。

切葱刀及削皮刀

切葱刀是将大葱或是小香葱切成丝时使用的刀。刀刃细且密。与直接用刀切相比，切葱刀的使用简单快捷。由于主要用于切小葱、大葱这种不是特别粗的蔬菜，故宽度较窄，同时切葱刀本身不是特别结实，所以最好不要用它切特别硬的蔬菜。图中还有削皮刀，可以帮我快速削掉食材的外皮。

隔板碟

由于碟子里有隔板，所以可以将不同的食材放在隔板碟里。在油炸前，面粉、蛋液、面包屑要按顺序蘸取的时候，使用隔板碟就无需使用多个碗碟，方便使用。

2. 处理食材

● 处理西蓝花

为了保证蔬菜的营养成分不流失，所有的蔬菜都不要过分煮熟，对于维生素主要来源的西蓝花更应如此。让我们来了解一下最简单的西蓝花处理方法吧。西蓝花花菜部分结实，颜色呈深绿色为佳。

制作指南

1. 将西蓝花切成小朵，将发黄变质的部分用刀慢慢刮掉。

2. 将发黄部分切除以后的西蓝花放到器皿中。

3. 将处理好的西蓝花放在小篮中用流水清洗。然后需在加入1小勺酒的热水中焯2~3秒即可。

4. 将焯好的西蓝花放入准备好的冰水中，使其迅速冷却，然后用笊篱将水沥干。放入冰水中冷却会使西蓝花口感更加爽脆。

●处理卷心菜

富含维生素A、C、E、k的卷心菜，对于治疗胃溃疡、消化障碍、胃十二指肠溃疡、胃出血等消化系统疾病非常有帮助，对高血压、动脉硬化的预防也十分有效。低钙的卷心菜同高钙食物一同摄取的话可以预防龋齿和骨质疏松，将卷心菜榨汁每天早上食用也有去除口腔异味的效果。

制作指南

1. 准备好一颗卷心菜，一把大点的刀和一个小果刀。用小刀深深插入卷心菜的菜心部分，转一圈，可以挖出圆角模样的菜根。

2. 用大点的厨房用刀将卷心菜切成两半，然后再四等分，分别放入塑料袋中保存。在切面涂抹柠檬汁，卷心菜就不会变成黑色了。这样处理好的卷心菜可以冷藏保存四周。

●切西红柿

西红柿翻炒以后含有丰富的番茄红素，对男性前列腺有好处，同时对于抗癌治疗也有所帮助。切好的西红柿可以做成沙拉，也可以放入鸡蛋卷中或是做炒饭使用。西红柿果肉和皮之间果汁丰富，但其软软乎乎处理起来不太容易。让我们学学怎样把西红柿切成适合炒饭的0.5cm大小的方法吧。

制作指南

1. 用小刀将西红柿根部的心挖出。这时，最大限度向刀尖部分抓握，这样才不会伤到手。

2. 西红柿比较大（100g）时，可以将其竖切分为两部分，然后切成8小块。

3. 左手（不握刀的手）抓住西红柿，右手（握刀的手）将西红柿种子剔除留下果肉。

4. 将处理好的西红柿果肉切成横竖均为0.5cm的小丁。

●洋葱切丁

切好的洋葱可以用于鸡蛋卷、炒饭、鸡蛋三明治、金枪鱼洋葱沙拉、洋葱烧酒、包饭酱等多种料理中。但是洋葱是圆形的，且手感发滑，处理起来并不简单。

制作指南

1. 将洋葱切为两半后，在洋葱侧面间隔0.5cm，用刀将其切开。

2. 将洋葱反过来，用不握刀的手按住洋葱根部，从底部开始切即可。由于洋葱已经横切好，只要固定洋葱不动来切即可。

●处理双孢菇

一般餐厅蘑菇料理鲜美的原因就是直接在农场或是批发市场购买。但是在超市或市场陈列销售的蘑菇由于有很多人去触碰，买回后应该用流水冲洗后使用。由于在水中反复清洗，蘑菇味道和质感就会有所下降。所以，就算是买的超市里的蘑菇也绝对不要在水里反复清洗。

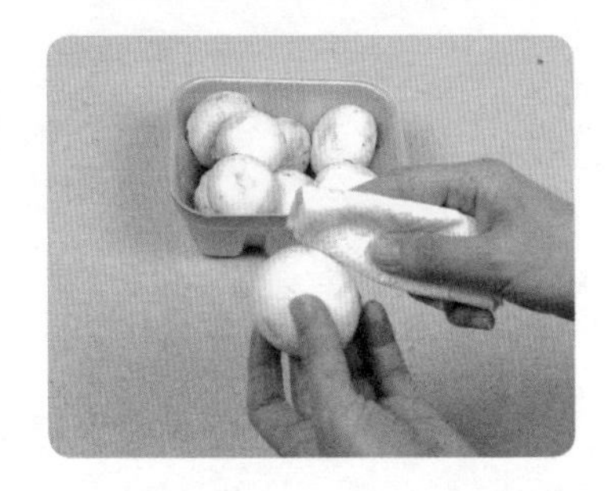

●香菜切碎

将香菜、罗勒等香草类植物切碎，烹饪马上完成的时候撒在食物上，颜色非常好看。油炸食物时，将其放入面浆里色彩也非常漂亮。它们也可以在炒菜时使用。香菜香气特殊，可根据喜好选择。下面介绍的香菜切碎方法不仅可用于香菜，对于茼蒿、水芹等其他茎干蔬菜也同样适用。

制作指南

1. 香菜的叶和茎都可食用。将香菜的茎和叶部分对折，左手抓住香菜，右手拿刀反复不断切菜。

2. 切上2~3次，左手搁在刀背上，从右到左，从左到右，大幅度用刀移动来切。偶尔停下来将香菜用刀往中间聚拢后再剁，反复几次直到剁成香菜末。

● 处理香草&蒜

料理中，虽然不会大量使用香草或是蒜，但是却没法少量购买，所以做完饭后经常会剩下一些。一般来说，香草包在湿纸巾里放入保鲜袋里冷藏即可。湿纸巾可以维持香草的湿度，使其不干燥，在一定程度上保持了香草的新鲜。但是根据家里冰箱的不同，有些可以保鲜很久，但是有些在一两天内就坏掉了。所以，我建议大家将香草或蒜在变质之前处理好冷冻，需要的时候不必再次处理即可使用，方便快捷。

生罗勒在水里稍微清洗一下，去除水分后将其放入食品处理器研磨，蒜也是同样，在食品处理器或是蒜臼内研磨。将处理好的蒜还有生罗勒放入冰盒冷冻，使用时取出解冻即可。

制作调味蔬菜mirepoix

在法国，煮肉汤时，洋葱、胡萝卜、芹菜是必需品。将洋葱、胡萝卜、芹菜以50%、25%、25%（2:1:1）比例混合起来，我们称其为调味蔬菜mirepoix。特别是煮鸡汤或是鸡汤面时，将其放入其中，可以使汤水清澈，香气四溢。月桂树叶、荷兰芹、香菜茎等一起放入煮汤也不错。

洋葱、胡萝卜、芹菜虽说是按2:1:1的比例，但是按照个人口味的不同，也可以按照1:1:1的比例配备。

制作指南

1. 将洋葱切丁。

2. 将胡萝卜竖切，然后再横切，切成0.5cm大小的方丁。

3. 将芹菜长叶子部分的茎切成5cm以上的段，只使用根茎部分。竖着切成2~3等份，横着切成0.5cm大小的丁。

3. 注意！阅读本书要了解的事

（1）书中料理基准大概为四人份量。人数增加的话要根据人数的不同增加食材、调料。制作过程中，注意不要将准备的调料一同放入，要慢慢少量放入。最好的方式是边品尝，边根据口味的不同来加减调料。

（2）为了使排版更加条理有序，书中仅使用了必要的场面图。

（3）食材根据烹饪顺序排列。大家可以一边烹饪，一边准备下一步要用的食材。

（4）为了使准备食材变得简单方便，我们将一些食材处理方法放在了食材名旁边。使食材准备与处理可以一步到位。

（5）在量取蔬菜和坚果重量时，我在括号内标注了量。一一测量它们的重量会非常麻烦，可以用手来抓取。

（6）食盐和胡椒一捏大约是拇指和食指捏起的量。

（7）1/4小勺、1/8小勺量起来比较困难的时候，1/4小勺≈2小捏，1/8小勺≈3小捏，也可如此测量。计量勺上标有1/2、1/4、1/8等的刻度。

（8）对于不好准备的食材后面标有可代替食材。举例来说，家里如果没有卡宴辣椒粉，我们可以用细辣椒粉来代替。

（9）对味道影响不大的食材及调料标记有“可以省略”字样。例如，食材中有鸡汤的情况，书中标记有如果没有鸡汤也可以用水来代替。因为很难为一种料理准备好所有的食材。特别是那些无法在多个料理中使用的食材，劳师动众地准备，但只使用一次实在是太可惜了。

（10）本书中使用的食醋均为米醋。如果家中没有米醋也可以使用其他食醋代替。

Part

1

鸡肉知识大汇总

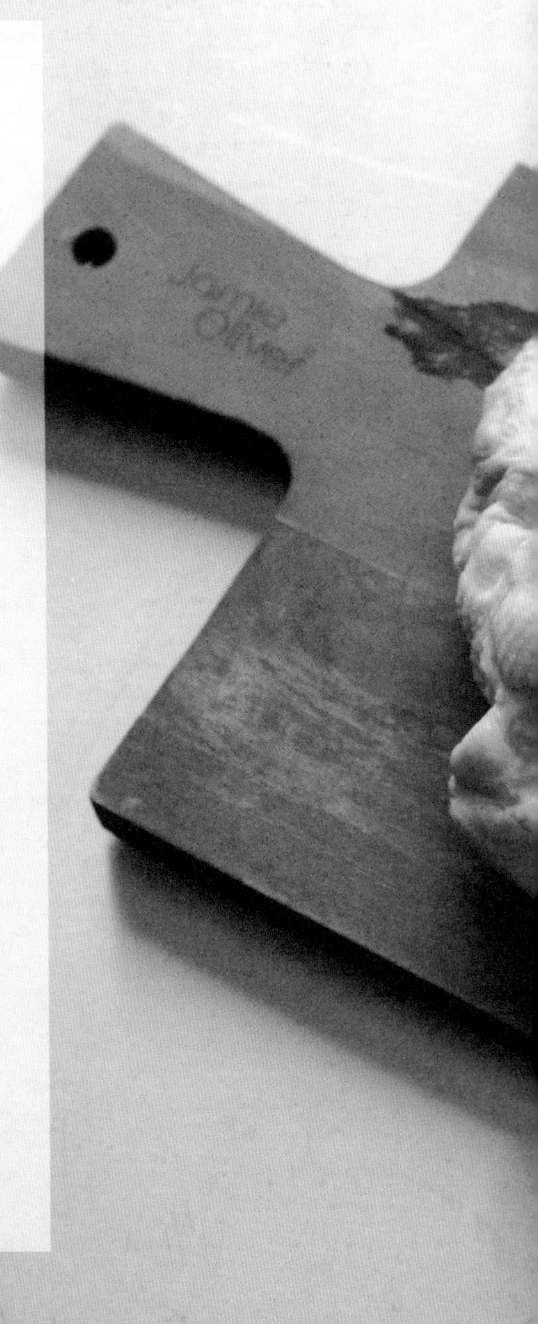

1. 鸡肉故事
2. 鸡肉不同部位的特征
3. 处理鸡肉
4. 鸡胸肉的处理及使用方法
5. 鸡肉的各种烹饪方式
6. 煎炸鸡肉时需知事项
7. 去除鸡肉的腥味
8. 制作爽口鸡汤
9. 鸡肉料理高级烹饪师

1. 鸡肉故事

据推断，韩国鸡肉的食用历史相当悠久，但是由于没有专门的文献记录，具体从何时开始没有确切的时间。但是《高丽史》中有忠烈王禁止捕鸡的记录。1325年（忠肃王12）曾记录有这样的禁令："现在开始饲养鸡、猪、鹅、鸭，为祭祀做准备。对屠宰牛、马者依法论罪处理。"由此可以看出，在那之前人们就已经开始食用鸡肉了。

鸡肉与牛肉、猪肉相比脂肪含量较少，口味清淡，容易消化吸收。因此，对于幼儿以及胃肠功能较弱的人来说，鸡肉是很好的蛋白质摄取来源。由于鸡肉的这些特性，在韩国除了牛肉、猪肉外，最为广泛食用的就数鸡肉了。同时，韩国民众们也开发了清蒸鸡、炖鸡、烤鸡、生鸡片等多种配菜方法，鸡肠、鸡肝、鸡胗、鸡爪等也可以烹饪食用。

与牛肉相比，鸡肉蛋白质含量更加丰富，100g鸡肉中有20.7g的蛋白质，4.8g的脂肪，126卡的热量，特别是维生素B2的含量尤其丰富。除此之外，100g鸡肉中还含有4mg的钙，302mg的磷，40I.U.的维生素A，0.09mg的维生素B1，0.15mg的维生素B2等。

2. 鸡肉不同部位的特征

鸡肉就像猪肉一样，部位不同，肉的味道以及特征都有所不同。同时，我们也可以根据部位的不同做出不同的料理。在大型折扣店或超市等地方，鸡的不同部位都是分开销售的，我们可以根据用途不同分别购买，这样鸡肉处理起来也简单方便。

● 鸡胸肉——烤制、蒸炖、煮、炒

鸡胸肉蛋白质丰富，脂肪含量低，非常适合作为营养零食食用。鸡胸肉可以采用炸、炒、炖等多种烹饪方式。低卡路里，可实现营养均衡，补充蛋白质的减肥菜单中经常可以看到它。

● 鸡翅——红烧、烤制、煎炸

鸡翅的脂肪含量以及胶原蛋白含量都非常高。与鸡胸肉相比，鸡翅肉少，胶质丰富，含有大量的胶原蛋白，有预防皮肤老化的作用。鸡翅口味清淡，肉质酥软，经常用来红烧、烤制，煎炸。

● 鸡翅根——红烧、烤、蘸面包屑煎炸

鸡翅可分为两部分——翅根与翅尖，分开的部分用刀背将肉剥离，将翅根做成用手可以拿的模样。不加特别的装饰直接在烤箱烤制或蘸面包屑煎炸，是非常适合聚会的料理。

● 鸡柳——烤肉串、熏烤、煎炸

鸡柳是鸡胸肉内部的肉，蛋白质丰富，脂肪含量极低，适合做生肉片、辣肉汤、鸡排、鸡肉串等料理。鸡柳从整只鸡上分离出来使用并不是件容易的事。但是可以在市场买到现成包装好的鸡柳，不用处理，方便使用。

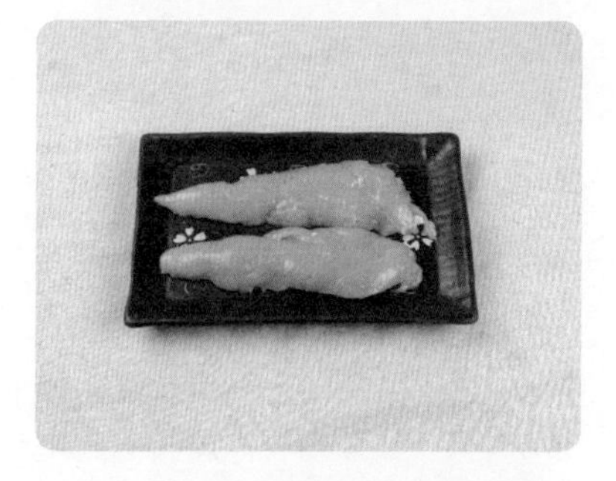

● 鸡腿——红烧、炖、烤、煎

鸡腿是人们非常喜爱的肉食。与其他部位相比，鸡腿是活动最为频繁的部位，因此弹力较好，肉质劲道，鸡肉颜色与其他部位相比较深。脂肪和蛋白质的完美结合使肉质口感劲道。经常用于煎炸、炒制或是炖煮、烤制等。鸡腿是男女老少均喜爱的食物。

● 鸡胗——煮、烤、炸、炒、烤串

鸡胗相当于鸡的胃部，有厚厚的肌肉层和坚硬的黏膜。对于没有牙齿的鸟类，将其吞咽的沙子和碎石首先装在鸡胗中，有压碎分解所食用谷物的作用。鸡胗从某方面来说是由肌肉形成的胃，在这种意义上也被称作筋胃。现在可以在超市直接购买处理过的鸡胗，方便简单，可以直接烹饪使用。鸡胗

不仅常用来当下酒菜，在夜宵中也经常食用。

● 鸡腿内侧肉——炖、烤、烧

鸡腿内侧肉的质感与鸡胸肉相似，鸡胸肉有三角形的软骨。鸡腿内侧肉油脂较多，肉质较软。涂抹酱油后可做成鸡肉串，深受女性的喜爱。

● 鸡架——清淡的鸡汤

熬制口味清淡的鸡汤时，将所有的鸡肉剔除，仅使用鸡架。即使是很小的鸡也可以至少熬制两次鸡汤。熬制时放入mirepoix调味蔬菜（洋葱、胡萝卜、芹菜），不需要添加其他调味料。

● 带肉鸡架——泛着油光香气四溢的鸡汤

在处理鸡的时候，将肉和背部的鸡皮一起煮汤，就可以煮出泛着油光并且香气四溢的鸡汤了。如果想要更浓一点的味道，可以放入15只鸡爪一起熬制，这样就会使汤汁变为乳白色，味道更加浓郁。

3. 处理鸡肉

现在不论是超市还是折扣店都会根据部位不同将鸡翅根、鸡翅、鸡柳、鸡腿、鸡胸肉等分开来销售，所以烹饪时如果只是烹饪一部分而不是整鸡，我们可以选择需要的部位购买即可。但是偶尔超市也会买不到自己需要的部分，烹饪时也会有将整只鸡做熟后根据部位不同切开的情况，所以了解各部分的分离以及处理方法是非常实用的。

鸡各部分分离后的模样

● 分离鸡的顺序

鸡脖子部分的锁骨→鸡腿→鸡翅→鸡胸肉→肋骨和脊骨，按这个顺序将鸡分离即可。

鸡的锁骨在鸡脖子的下面部分。在处理其他部位之前首先将鸡锁骨去除，鸡胸肉才比较容易剥离出来。但是，对于初学者来说，去除锁骨并不是件容易的事。在鸡脖部位横着去摸的话就能感觉到锁骨。将刀插入其中将肉剥离后，用手将其拿出即可。但是对于初学者，不去除锁骨，而是沿着肋骨纹路慢慢将鸡胸肉剥离也许是更好的方法。剥离鸡肉是没有特定的方式或是顺序的，找到适合自己的最方便的方式才是最好的。

● 处理鸡腿

鸡腿肉质劲道，也不必担心碎骨头，吃起来方便，深受人们喜爱。将肉切成大块，仅抓住鸡腿来剥离就非常简单。请按下面的顺序处理鸡腿肉。

分离鸡腿

鸡腿是最受人们喜爱的鸡肉部位，下面让我们来了解一下鸡腿的分离方法。

1. 将鸡腿往外轻轻一拉，然后用刀在表皮划开。

2. 看好鸡胸肉和鸡腿连接的地方将刀插入其中，仅切鸡腿肉。

3. 将与鸡腿连接的骨头用手向外拉，用力折断。

4. 将筋或肉等处理好即可完全分离了。

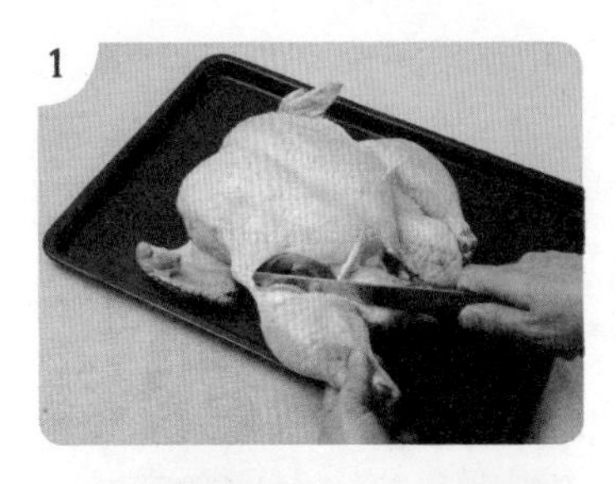

鸡腿内侧肉&鸡腿肉二等分

就像将鸡翅分为翅根与翅尖一样，鸡腿肉也分为鸡腿内侧肉和小腿肉。

1. 鸡腿用手来折开就会发现鸡腿根有软骨与鸡身相连，用刀来切开相连的软骨。接下来，用刀切开鸡腿中间有脂肪的部位。

2. 用刀轻轻地切入就会发现软骨。但是如果感受到很硬的东西，那就是骨头部分。用刀上下活动地切入就能找到软骨，找到软骨后用刀切断鸡腿即可。

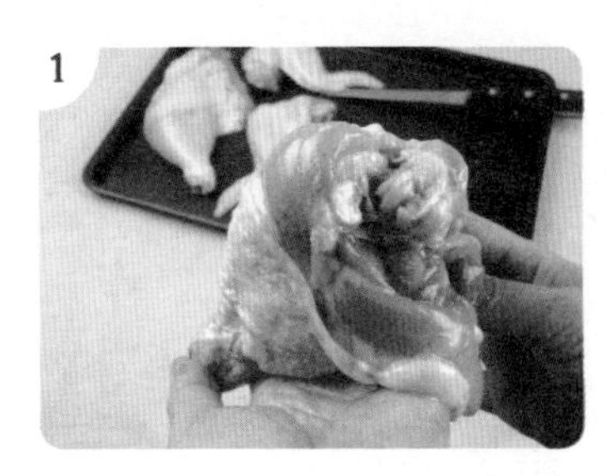

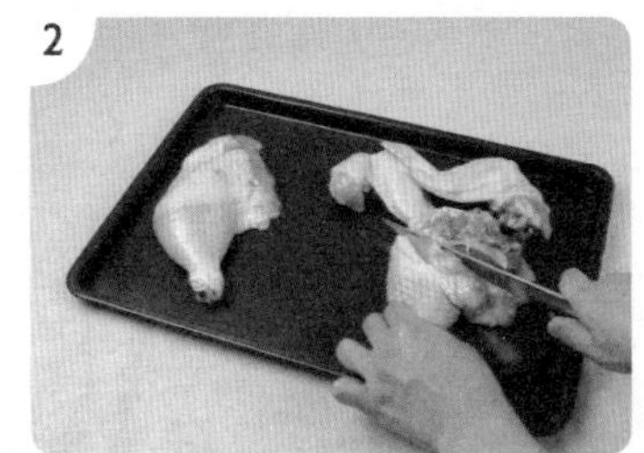

● 处理鸡翅

让我们来了解一下深受孩子们喜爱的鸡翅如何分离处理吧。

分离鸡翅

鸡翅骨头多肉少，处理起来比较复杂。下面是干净利落的分离方法。

1. 用手拉住鸡翅，在肩膀和鸡翅软骨部分往上1cm处下刀。

2. 用力折断骨头，使骨头外露，看到软骨后切断。

3. 将剩余的肉切开，将鸡翅分离。

1

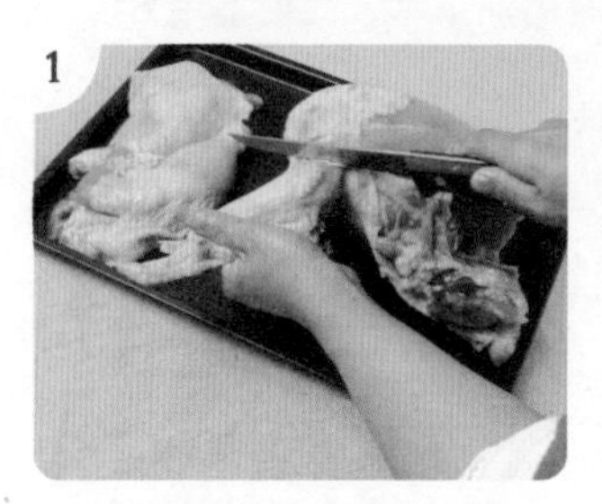

2

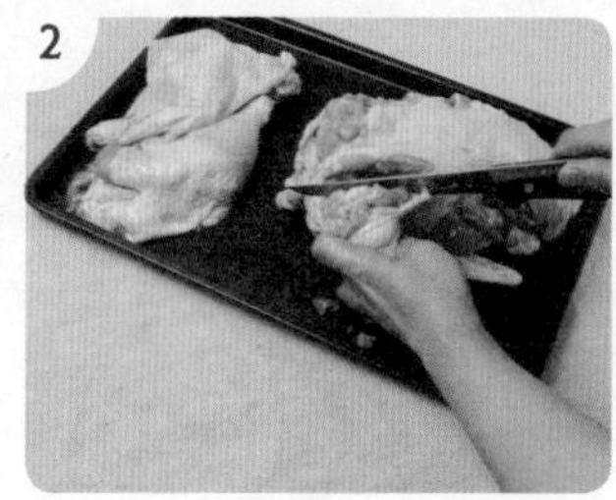

3

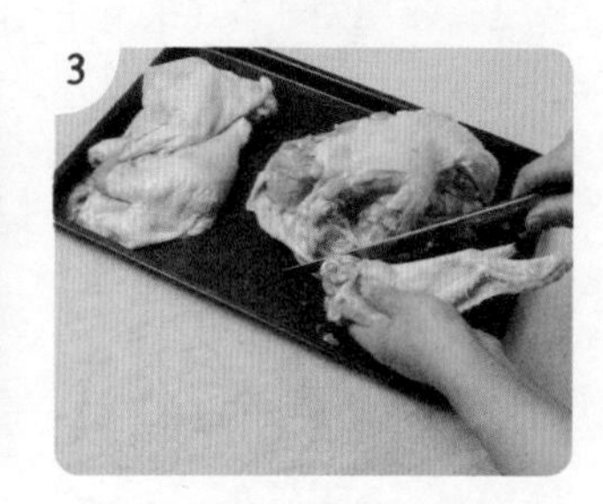

将鸡翅分为上鸡翅和下鸡翅

鸡翅可以分为上鸡翅和下鸡翅，下鸡翅卡路里较低且口感劲道。

1. 用手将鸡翅折断，凸起的部分用刀将其切断。

2. 在鸡翅中间部分下垂的肉处下刀，即在软骨处下刀，先切口再将刀深入切断。

3. 切断软骨后再将肉和皮干净利索地整理好。

1

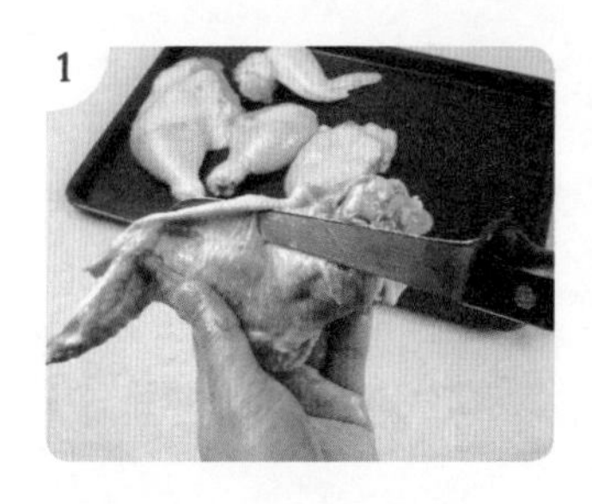

2

3

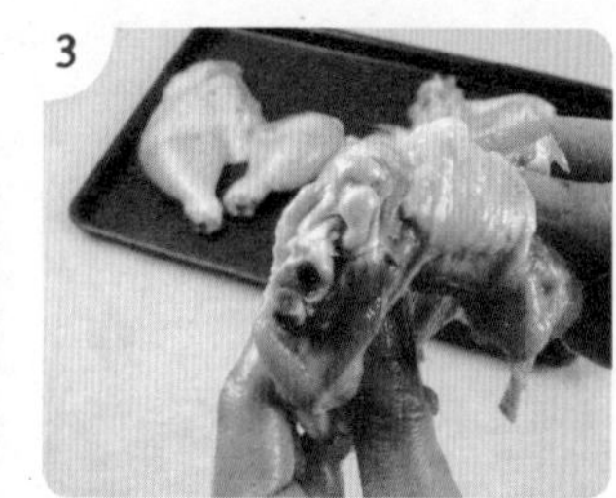

处理鸡翅根

在整鸡上分离出来的鸡翅，再将其分离为鸡翅根和下面部分。

1. 如图所示，在用绳子捆绑的软骨部分，用刀将其分为三段。

2. 丢掉最左边部分的鸡翅，将右边两块做成棒棒鸡翅根。

3. 将鸡翅分离开以后，就可以看到中间部分两个骨头，将其中较小较软的骨头用手拧断去除即可。

4. 用手抓住鸡翅最上端部分的骨头，另外一只手将肉反过来，就像棒棒糖的糖球一般转圈处理。如果肉一直附着在骨头上，则用指甲用力将肉向下刮，此处不用刀。

5. 处理好的棒棒鸡翅根可以用来红烧、辣炖、烧烤、煎炸等，非常适合聚会使用。

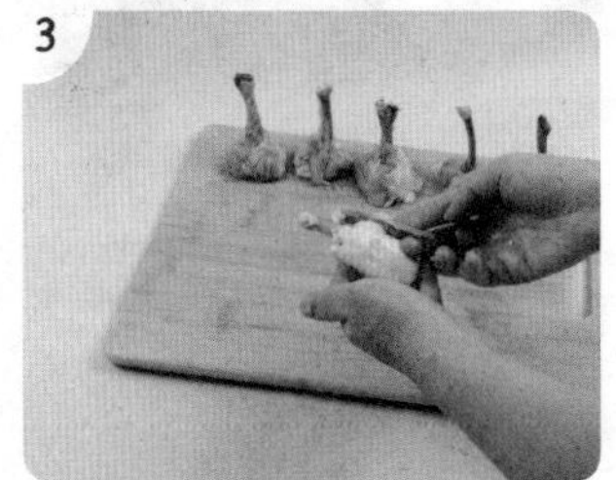

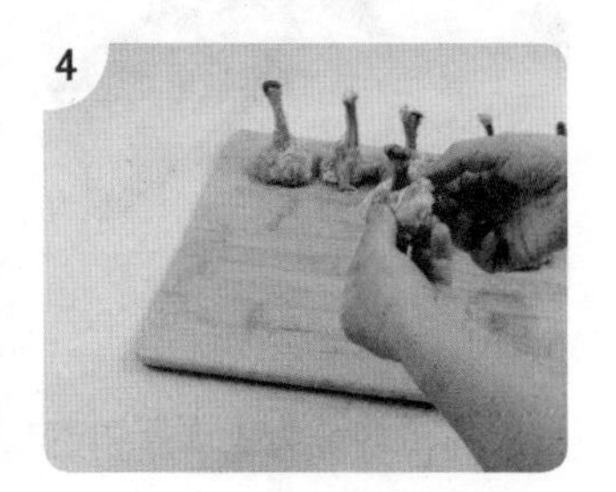

注：本书中的料理步骤图只针对重点步骤进行配图，请根据图号参看相应的步骤说明。

4. 鸡胸肉的处理及使用方法

作为健康食品而备受瞩目的鸡胸肉虽然是减肥的必备食品，但干巴巴的很难食用很多。其实除了煮和烤以外，鸡胸肉还有很多健康的烹饪方法。

● 处理鸡胸肉

虽然鸡胸肉直接食用干涩难咽，但是作为减肥食品却很受欢迎。让我们来了解一下处理鸡胸肉的方法吧。

剥离鸡胸肉

在剥离鸡胸肉的时候，使刀触及鸡胸中间的鸡肋骨，将刀插入其中向左边鸡胸肉方向下刀，沿着鸡肋骨，像切片肉一样轻轻刮出，右边的鸡胸肉也用同样的方式切下，只留下与鸡肋骨相连、附着有少量肉的脊骨。

1. 在鸡胸中间部分竖着划刀。

2. 将刀刃放平从左到右沿着鸡肋骨剔出鸡肉。

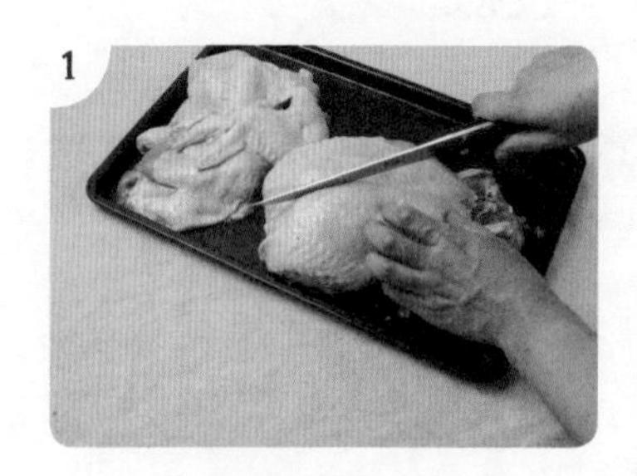

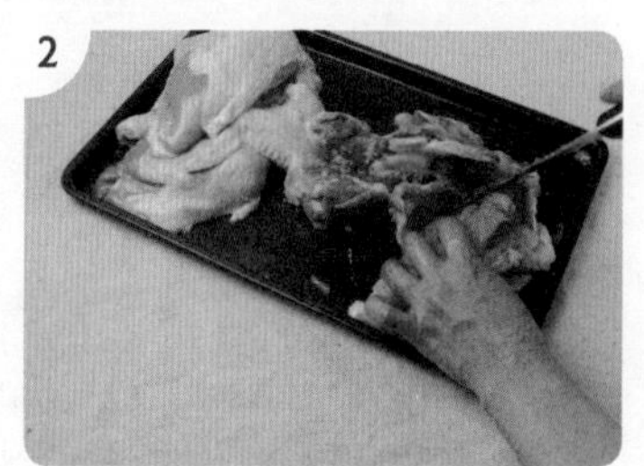

● 剁碎鸡胸肉

鸡胸肉可以用于爆炒等各种烹饪方法，下面让我们来了解一下将鸡胸肉切碎的方法。

用刀剁碎

用菜刀将鸡胸肉切成小块，然后用刀从左到右用力剁碎。要将鸡胸肉剁成肉馅需要较长时间。

使用绞肉机

将肉切成大块后，放入绞肉机内启动即可。这样可以缩短烹饪时间，在需要大量鸡胸肉馅的时候非常方便。

● 将鸡胸肉处理成蝴蝶模样

鸡胸肉比较厚，除了整体烤制以外，大部分情况下是将其薄薄地展开来烹饪。根据用途的不同，让我们来学习一下不同的处理方法吧。

1. 为了将鸡胸肉处理成蝴蝶模样，我们需要剔骨刀（Boning knife）。剔骨刀主要是剔骨头用的，如果没有剔骨刀的话，用一般水果刀也可以。
2. 将鸡胸肉宽的一面朝上放置，将贴着左边油脂筋的肉切开一点。
3. 将鸡胸肉从上到下、从旁边到内部用刀长长地片开。
4. 使刀切得更深入一点，将鸡胸肉的右边按照图片所示一直到下面用刀切开。
5. 轻轻将切开口的鸡胸肉左边部分展开，然后一点一点使刀深入，将鸡胸肉慢慢展开。
6. 重复上面的方法，中间部分不切开，使刀逐步深入直到鸡胸肉展平。
7. 处理好的鸡胸肉可以应用于各种料理中。

1

3
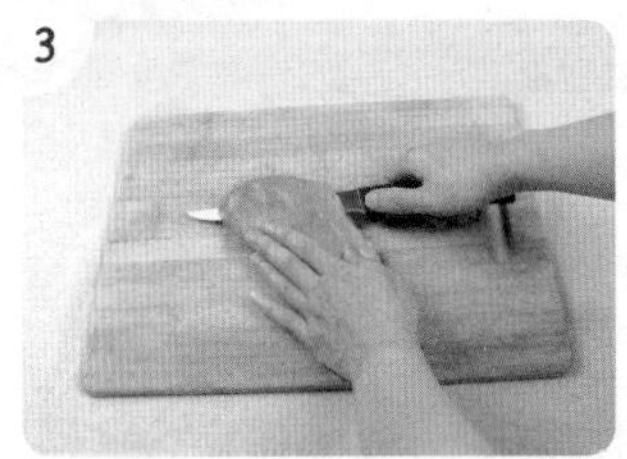
4
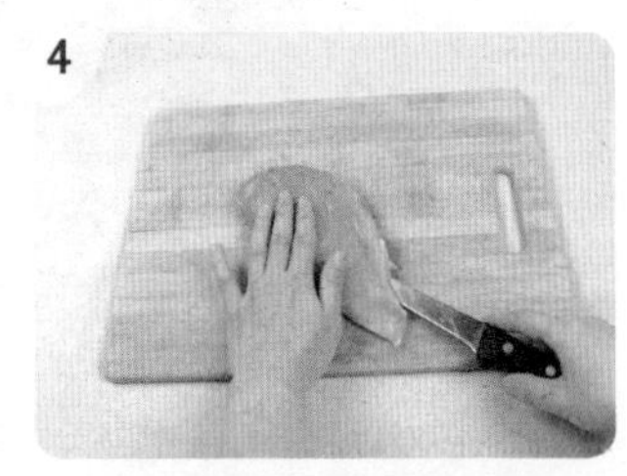
5
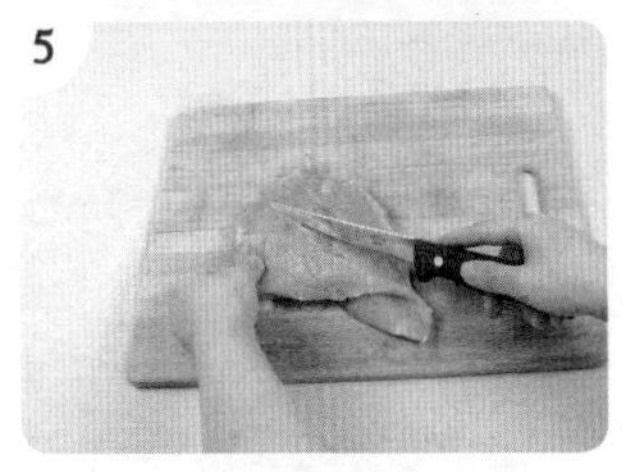
6
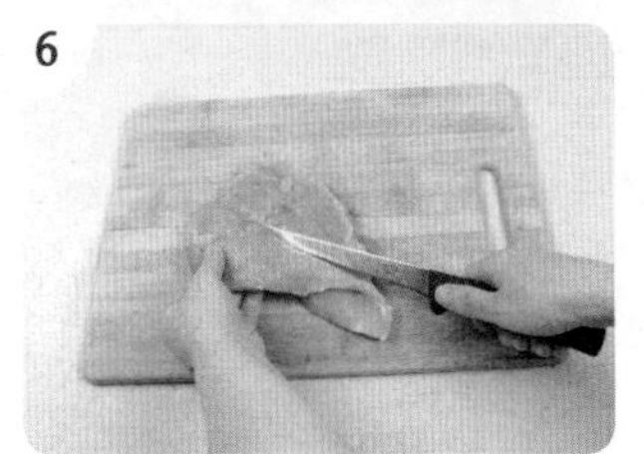
7

● 将鸡胸肉二等分

鸡胸肉处理成蝴蝶模样后，将鸡胸肉横放，刀平放，将肉从中间部分片成两半。

● 片切鸡胸肉

将鸡胸肉片好后用途广泛。片好的鸡胸肉还可以用于做柠檬鸡。

1. 将鸡胸肉横放，像片明太鱼一样从宽的部分下刀横切过去。

2. 一块鸡胸肉（300g）大约可以切成六块。

1

2

5. 鸡肉的各种烹饪方式

鸡肉可以用炸、烤、炒等许多方法来烹饪。下面让我们来了解一下鸡肉的各种烹饪方式以及根据烹饪方式的不同味道有何不同吧。

在烤鸡胸肉时，判断鸡肉是否熟透，需要用温度计测量温度。将温度计插入鸡腿内侧，温度达到160~180℃以上才能阻止沙门氏菌的感染。如果没有温度计，最好的方法就是用小刀将鸡腿划开一个小口，如果肉质不见粉红色，而都变为白色，那么表明鸡肉熟透了。

● 微波炉烤制

将鸡胸肉放入带盖的微波炉专用容器中烤熟。根据鸡肉大小的不同一般需要3~5分钟。用微波炉加热烤制时最好不要使用塑料保鲜膜。如果使用塑料保鲜膜的话，加热时间一定不要超过1分30秒。

● 蒸器中蒸制

没有烤箱或是微波炉的情况下，用蒸器将鸡胸肉蒸熟也是不错的选择。在锅中倒入适量的水，将鸡胸肉放在蒸网上充分蒸制20~25分钟以上。

● 在汤锅中煮制

将鸡胗放入沸水中煮大约5分钟或是放入凉水中一起煮。包括水煮开的时间最好能充分地煮15分钟以上。这样煮过的鸡胗非常适合于做烤肉串或是炒鸡胗。

● 烤箱烤制

如果一次购买了很多的鸡胸肉，与其将剩下的生鸡胸肉冷冻，不如将其做熟以后，按一次用量分好，放入保鲜袋中再冷冻。在大容器中放入6~8块鸡胸肉、6大勺橄榄油以及食盐拌好后，整齐地放在烤盘上，调到200℃烤制25~30分钟，烤熟后放入保鲜袋中，将空气尽可能地排干净后冷冻保管。冷藏的话需在3天内烹饪使用，冷冻可以保存3个月。但是冷冻后最好也尽快吃完，不然肉质就会不新鲜，营养成分也会流失。

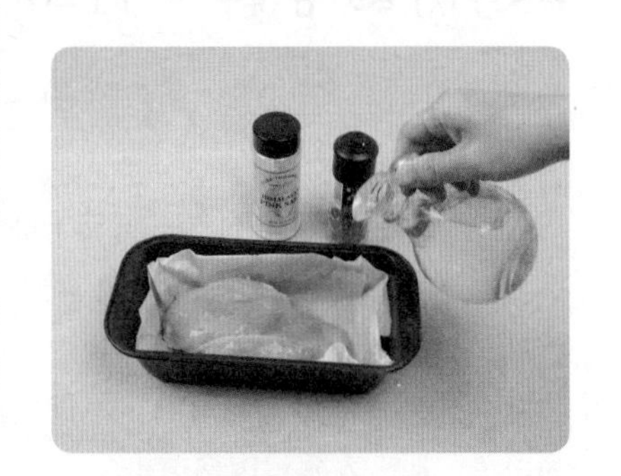

整鸡在烤箱中烤制时，一定要将鸡背朝上烤制，这样拿出烤箱时才能保持原样。如果反过来烤制的话，从烤箱中取出时鸡腿和鸡身就会被分离。

● 在烤盘中烤制

在烤盘上刷油加热1~2分钟后，将鸡胸肉下面粗糙的一面先放在烤盘上，在鸡胸肉上面撒上食盐、胡椒，每一面烤制9分钟以上。不要一直来回翻，只翻一次即可。烤熟的肉上出现斜线印记，会让人更加期待肉质的美味。

1. 将鸡胸肉沿对角线如时钟10点和4点方向放置烧烤。

2. 接触烤盘的部分烤熟后，用夹子翻向右边对角线如时钟2点和8点的方向，再烤制5分钟以上。

6. 煎炸鸡肉时需知事项

在韩国，表示鸡肉的英语单词Chicken成了炸鸡的统称，对韩国人来说鸡肉料理几乎都认为是煎炸料理。让我们来了解一下使炸鸡更加美味及安全的方法吧。

●煎炸包衣面糊

根据煎炸料理种类的不同，被称为煎炸包衣的面糊也不一样。

湿面糊

放入一个鸡蛋和两大勺淀粉调和成稍稠的面糊。将待炸食品（肉类、海鲜、蔬菜）蘸面糊炸制即可。

干面糊

将待炸食品（肉类、海鲜、蔬菜）蘸取蛋液（一个的分量），然后蘸取放入调味料（荷兰芹、胡椒、辣椒粉、蒜粉，如果没有胡椒可以省略）的面粉炸制。鸡蛋、淀粉以及面粉等材料可以根据待炸食品的多少增减。

●煎炸油的种类

适合油炸的食用油是起烟点高的新鲜植物性油。与担心有转基因成分的大豆油、玉米油相比，使用油菜籽油、玄米油、葵花籽油、葡萄籽油更加安全。油菜籽油起烟点高达240℃，可以炸制出酥脆的油炸食品，并且不容易氧化。

玄米油有独特的风味，在炸制食品时也经常使用。葵花籽油的起烟点高，不油腻，同时几乎不会形成反式脂肪酸，是油炸推荐用油。

葡萄籽油起烟点高，食物不会轻易煳掉，也经常用于油炸食物。油炸食材放入油锅的瞬间一下子热起来，模样也没有变糟，颜色和样子一下子复活了。并且油水不会被吸收，味道清淡。

● 油炸用油量

炸制带有骨头的整鸡等个头比较大的食材时，需要使用较深的锅，加入食用油占锅容量的2/3比较好。

油炸鸡块或是由鸡胸肉做的鸡排等无骨肉时，使用平底锅，放入一杯油即可。不仅用油少，后期处理也方便快捷。

● 油炸的油温

油温维持在170℃或是180℃炸制最好。如果没有温度计，开中火5分钟后将一点面糊放入油中试油，如果面糊放入后即刻发出油炸声并且浮起，这时就是合适的温度。

● 油炸用油后期处理

使用较深的锅油炸食物后，待油充分冷却，可以将其放入500ml的空瓶中，以后在煎鸡蛋、煎蔬菜饼时，再一点一点使用。但是，油炸用油会有变质的危险，所以不可长时间食用。短时间内用不完的情况下，可以将其制作成废食用油肥皂，这样既保护环境又能将油脂再次利用。使用扁平的平底锅油炸食物只会使用两杯少量的油，炸完后，油几乎只剩下残渣。在易拉罐里塞上废旧报纸，将残渣和剩油倒入其中，报纸会把油脂吸收，这样就可以将其扔掉了。

7.去除鸡肉的腥味

烹饪肉类料理的关键就是如何去除肉类特有的腥味，这是非常重要的一环。在去除腥味时务必要考虑到一些特殊人群，比如对辣味过敏的人、不能吃有强烈香草味的人、不能食用酒精的人等。鉴于并不是所有人都有特殊过敏，所以在本书中，我们使用下列食材来做美味的鸡肉料理。

● 柠檬

柠檬有发苦的强烈酸味，主要用于鲜鱼的烹饪。但是使用在鸡肉料理中，不仅可以去除鸡肉的腥味，还可以补充鸡肉所没有的维生素C，达到营养的均衡，同时使鸡肉料理的颜色更加鲜亮。

● 胡椒子

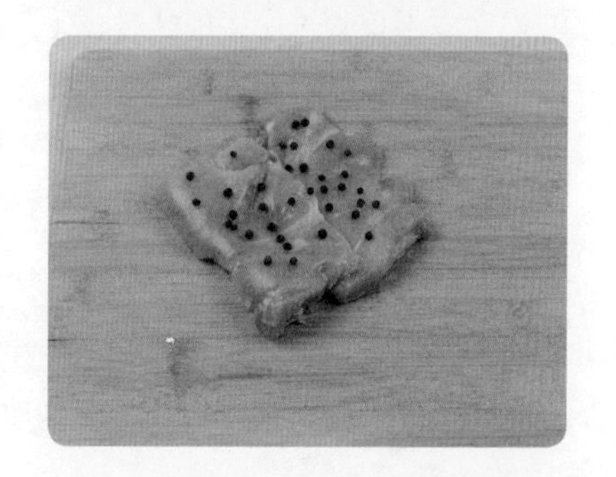

胡椒是最容易买到、价格也相对较低的香辛料，直接使用捣碎的胡椒子与将胡椒子磨粉使用味道会有微妙的差异。与胡椒粉相比，将胡椒子捣碎使用既可以去除料理的杂味，同时即使不使用辣椒也会有辣味。使用胡椒粉时，与市场上的胡椒粉相比，用研磨机研磨出来的胡椒粉，现磨现用，香味更好。

● 蒜和生姜

蒜和生姜香味浓，去除鸡肉腥味的同时即使不使用其他调料，料理的味道也会更加浓厚。蒜和生姜保存不便，可以现将其捣好放入冷冻室冷冻，随时取出使用即可。

● 香草（迷迭香）

香味浓重的迷迭香主要用于西方肉类料理，香气与鸡肉尤其契合，非常适合在鸡汤或烤制食品中使用。在厨房里养一小盆迷迭香花，做鸡肉料理时随时可以取来使用。如果没有香草可以用大葱来代替。

● 法国香草束（BOUQUET GARNI）

BOUQUET　GARNI是法语香草束的意思。法国香草来主要将香味浓重的香草（迷迭香、荷兰芹、百里香、月桂树叶）用线捆绑成一束来使用，但是我们在家中也常将比较硬的蔬菜（月桂树叶、迷迭香、芹菜、胡萝卜、葱根）捆绑使用。在炖菜或是做汤时放入法国香草来可以去除料理的杂味。法国香草束还可以用于制作肉冻或是料汁，是法国料理中不可或缺的香料。

● 牛奶

将鸡肉放入牛奶中浸泡10分钟即可去除腥味，同时肉质也会变得更加软嫩。

● 日本味淋

日本味淋是用少量酒精成分与甜味相调和，属于日式调味料中的料理用酒，也被称为料酒。与韩国味淋属于同一种类，与清酒和日本米酒完全不同。主要用于有腥味的鸡肉料理和鲜鱼料理，对食材也润色不少。

● 酪乳

酪乳虽然颜色与牛奶相似，但是酸馊的味道让人无法直接食用，主要用于烘焙中。炸鸡时将鸡肉浸泡到酪乳中大约10分钟，不要用水清洗，直接蘸取面粉，这样烹饪使用的话，鸡肉料理会更加香气扑鼻。酪乳在家也很方便制作，将1杯牛奶和1大勺食醋放入空瓶中，盖好瓶盖，常温放置一晚使其发酵。摇晃一下牛奶变黏稠的话，酪乳就制作完成了。

● 啤酒/红酒

如果在鸡肉料理中放入含有酒精的啤酒、红酒等酒类的话，既可以去除腥味，又可以使味道更加爽口。同时因为这些酒类容易购买，所以方便使用。

● 除此以外其他去除腥味的方法

我们已经了解了利用食物特性来去除腥味的方法，下面让我们了解一下用调料腌制肉类而去除腥味的方法。

放入调味料腌制——调料炭火鸡

放入大蒜、料酒（或是啤酒）、食盐、胡椒粉搅拌，腌制15分钟后在炭火上烧烤。

放入调味料腌制——调料炭火辣味鸡

放入卡宴椒、红酒、大蒜、胡椒粉搅拌，经过24小时冷藏腌制，肉质会变得软嫩，如果没有卡宴椒可以放入辣椒粉，然后放在炭火上烧烤。

8.制作爽口鸡汤

料理的味道在于新鲜的食材以及出味的肉汤，这句话一点都不为过。特别是用鸡肉熬制的鸡汤，由于鸡肉特有的清淡味道，使肉汤更加清香爽口。但是制作一次鸡汤需要花费很多功夫和时间。

所以，我建议可以将做好的鸡汤放入冰方盒中冷冻，然后放入保鲜袋中保存。在做粥、汤或是需要少量加入鸡汤的料理中使用，就可以避免使用市面上销售的鸡汤浓缩块了。

● 熬制韩式鸡汤

韩国料理中一提到鸡汤首先浮现在人脑海中的就是参鸡汤。韩式鸡汤由于是用整鸡熬制所以味道更加浓厚。由于使用了人参、黄芪、刺桐、山楂、当归、枸杞、大枣等食材，不仅去除了鸡肉的腥味，而且使鸡肉肉质更加松软，鸡汤清淡爽口的味道更加突出。熬制韩式鸡汤的食材在市场上价格低廉且很容易买到，非常方便。

1. 将一只整鸡以及参鸡汤所需药材一同放入一口大锅中，在锅中放入水使鸡充分浸入其中，先用大火煮，将浮上来的泡沫撇掉，然后盖上锅盖煮50分钟。

2. 偶尔确认一下水是否减少，水不足再添足，再煮50分钟，一直煮到鸡腿肉松软。

3. 鸡肉熟透后将鸡肉和鸡汤分开盛在宽桶中，放入冰箱，第二天取出鸡汤撇去上面的油脂备用。

● 熬制西式鸡汤——鸡架汤

鸡架汤是只用鸡骨头熬制的鸡汤，没有油水，非常清淡。

西式鸡汤是用鸡架汤食材、将香草和蔬菜香辛料等做成的法国香草束放入锅中一同煮，就会熬制成香气迷人、味道浓郁的鸡汤了。这样熬制出的鸡架汤经常用于鸡汤面、洋葱汤、意式焗饭等西式料理。

1. 准备一只整鸡和鸡骨头，将其同法国香草束一起放入大锅中，然后放入足够量的水，大火煮20分钟后撇去浮起的泡沫。

2. 盖上锅盖改中火煮50分钟。偶尔确认一下水是否减少，将缺水补足，再煮30分钟直到汤水变黄。

3. 将法国香草束取出，将鸡汤和肉分开放入冰箱保存或冷冻。

● 制作越式鸡汤

制作越式鸡汤的秘诀在于东方香辛料。将桂皮、八角、肉豆蔻、香菜种子、小茴香种子、丁香放入棉纱线香料袋中一同熬煮，就可以熬制出在越南本土品尝到的越南米粉中的香浓汤汁了。

9.鸡肉料理高级烹饪师

前面的内容让我们学到一些鸡肉料理的基本知识。现在让我们来了解一下成为鸡肉料理高手的一些小贴士。

● 捆鸡的方法

为了不让整鸡散架，或是防止放在鸡肚子里的各种食材掉落出来，可以用捆鸡专用绳将鸡捆绑起来，方法如下：

1. 鸡肚子里可以放入糯米和各种坚果类食材，还有去腥的洋葱、柠檬。为了不让这些食材散落出来，要把鸡好好捆绑起来。

2. 简单捆鸡法需要准备一条长长的木棉线，从鸡肚子上方开始严严实实封住，用棉线将鸡肉缝起来。

3. 用木棉线封好后将两条鸡腿交叉叠起来，准备一条50cm的捆绑线，将鸡腿结结实实地捆在一起，这样就可以放心做鸡肉料理了。

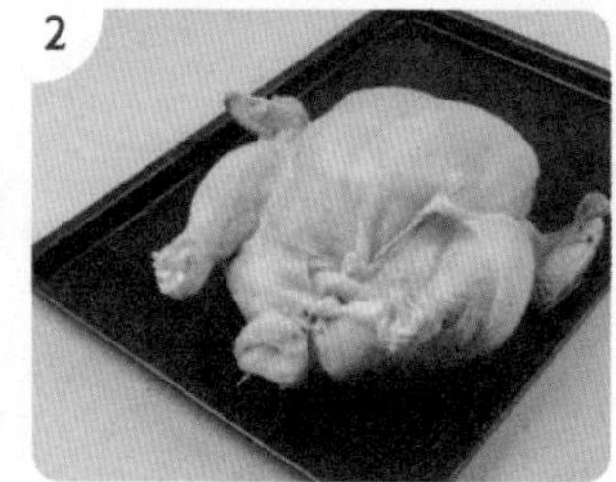

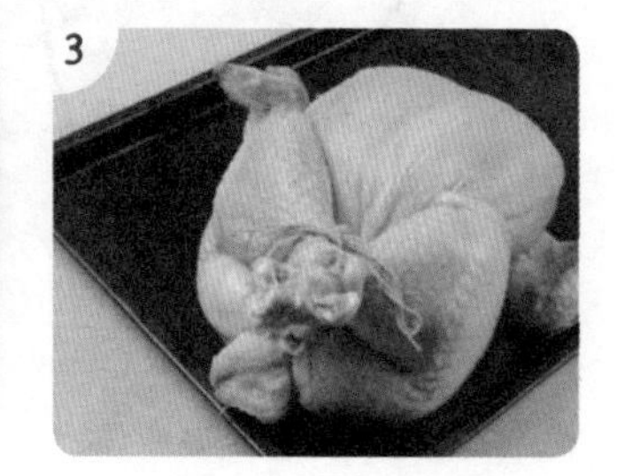

用捆鸡线捆绑

用线简单捆绑是另外一种方法。

1. 准备好大约80cm的一条捆绑线。

2. 用捆鸡线将尾巴绑住打个结，线的两端往下拉向鸡腿后下方。

3. 用线将鸡腿包住，在胸部使两条线交叉后，将鸡翅用线按住，向脖子后方拉扯，然后打结。

4. 在脖子部位打结。被捆好的鸡在鸡胸部分可以看到交叉（X型）线。

5. 这样将鸡反过来，鸡的表面看不出捆绑的线，非常光滑，线只集中在下面部分。

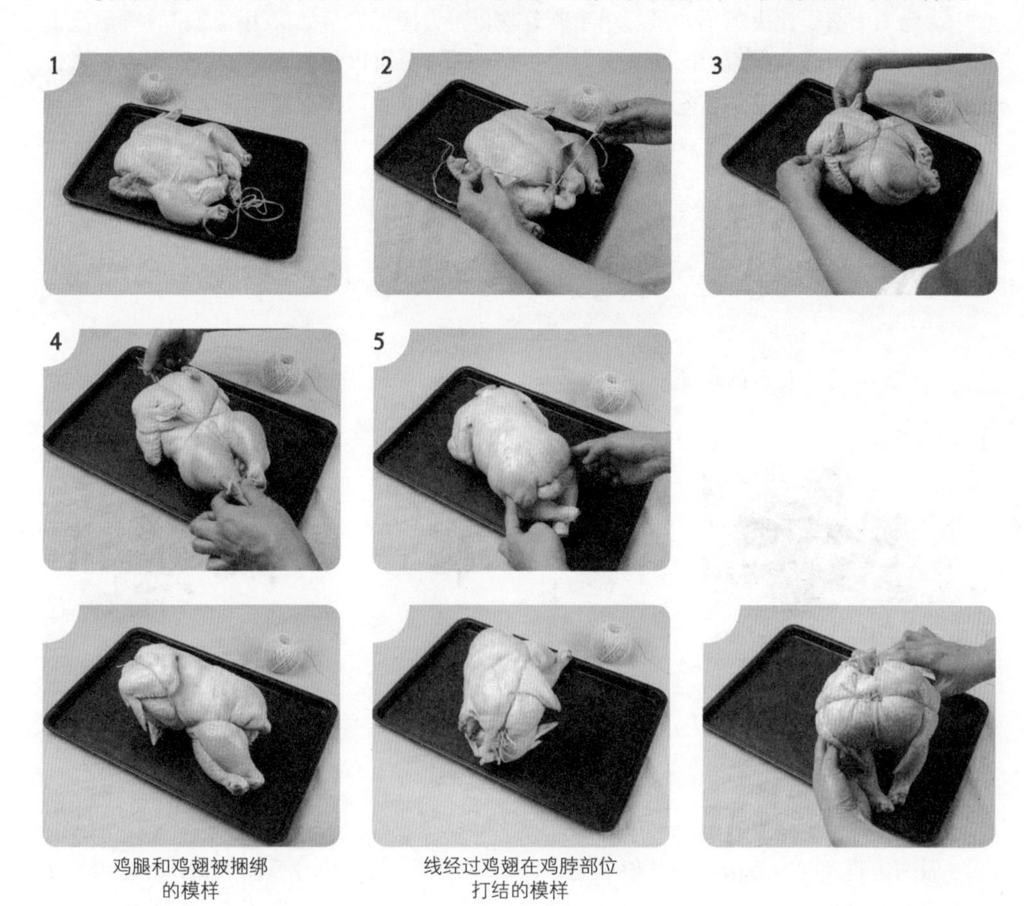

鸡腿和鸡翅被捆绑的模样

线经过鸡翅在鸡脖部位打结的模样

● 将烤鸡切漂亮

美国感恩节时会烤火鸡，然后将其漂亮地切好装盘，然后跟蔓越莓果冻一起搭配来食用。烤鸡个头要比火鸡小，虽然用手撕着吃也很方便，但是如果用小刀将鸡肉漂亮地切一下，不仅看起来好看，吃起来也方便，吃剩下部分可以放入三明治中作为午餐盒饭也是非常不错的。尤其是，吃完鸡肉后可以将没用手撕、切得漂漂亮亮的鸡肉放入保鲜袋中保存，需要时取出烹饪，非常方便。

1. 首先将鸡腿和鸡翅按纹路斜线切下，将鸡腿分开放置。
2. 用刀切鸡胸肉时，刀要从上往下切，碰到鸡肋的话，将刀往左外侧移动，顺纹路切下。
3. 烤鸡被漂亮切好的样子。

● 鸡肉食用安全需知

鸡肉烹饪时的注意事项

做鸡肉料理时，鸡肉要与其他蔬菜、瓜果等分开，菜板和刀等也都要分开使用。在处理鸡肉的时候，与塑料菜板相比，木质菜板会更好。无论什么样的菜板，使用时间长了都会产生刀纹，鸡皮中有细菌，这种细菌很容易进入到塑料菜板的裂缝中。菜板缝隙是沙氏门菌等细菌生存的好环境。

做完鸡肉料理以后一定要进行消毒，如果不消毒的话，鸡肉的细菌就会繁殖。特别是沙氏门菌在室温中繁殖速度比想象中要快。如果处理过鸡肉的厨具未经消毒就用来切水果等，这对于免疫力低下的老人或是小孩等是非常危险的。尤其是在烹饪鸡肉料理的过程中，要经常用肥皂洗手才比较安全、卫生。

牛肉、猪肉、鸡肉、鲜鱼和其他海鲜，没有经过低温灭菌的牛奶及乳制品、生食品，没有经过清洗的、制作沙拉用的食材、水果和蔬菜，没有净化的水、昆虫等物品在用手接触以后，一定要洗手。

之所以做出这样的强调是因为容易引发人们食物中毒的沙氏门菌、大肠杆菌等容易通过手进入到人们的身体当中。根据情况不同，需要注意的地方也不一样，在公共卫生间用手接触便器把手和水龙头时就很容易接触到感冒致病病毒。

一般容易导致食物中毒的沙氏门菌或是志贺氏菌也会存在于旧书和钱币上，即使是总让人感觉很干净的电脑键盘、鼠标等，也会隐藏大量的细菌。在500ml水中加入1大勺消毒剂混合制成消毒水，在烹饪完鸡肉料理后，最好及时对操作台和水槽进行消毒。

Part 2

饭菜和炖汤

虎皮鸡蛋 / 越南咖喱鸡炒米粉 / 南瓜鸡肉 / 裙带菜拌鸡肉 / 泰式罗勒辣炒鸡 / 芸豆炒鸡 / 魔芋鸡 / 蒜末葱丝拌鸡胗 / 番茄酱炒鸡胗 / 胡椒炒旱芹 / 胡椒粉炒鸡胗 / 辣鸡土豆汤 / 辣味鸡丝汤 / 鸡肉芋头汤 / 清炖笋鸡 / 乌鸡参鸡汤 / 鸡肉海带汤

表面劲道里面柔软的**虎皮鸡蛋**

- 分量：4人份
- 烹饪时间：20分钟
- 难易度：初级

我是在中式自助餐厅实习时学会的虎皮鸡蛋。这道料理让我回想起当时，自己试着制作了虎皮鸡蛋的场景。这种表面劲道里面柔软的鸡蛋，与咸咸的酱油味相调和，作为菜品非常不错。

材料

☐ 鸡蛋 6个
☐ 水3杯约 750ml（煮鸡蛋用水）
☐ 食醋2 大勺
☐ 食用油 2大勺

| 酱油调料 |
☐ 酱油4 大勺
☐ 料酒1 小勺
☐ 水 3大勺
☐ 白糖 1大勺
☐ 糖稀 1大勺

制作指南

1. 鸡蛋在加入2大勺食醋的水中煮15分钟使其熟透，然后冲冷水将蛋壳剥掉，用厨房专用毛巾将鸡蛋表面的水擦干。

   Tip 想要比较容易地将蛋壳剥掉，要将鸡蛋煮熟后立即放入水中冷却，然后冲水剥蛋壳。

2. 在碗中放入酱油、料酒、水、白糖、糖稀搅拌，制作酱油调料。

   Tip 根据口味的不同可以放入1/2个八角一起煮。

3. 中火将锅烧热，倒入2大勺食用油，放进鸡蛋后盖上锅盖。为使鸡蛋表面均匀煎出虎皮，手抓平底锅把手不断晃动，使鸡蛋也能够不断随之晃动而均匀受热。

4. 鸡蛋表面变为黄褐色后放入调料，小火炖3分钟即可。

2

3

4

注意事项

* 鸡蛋半熟需要大约10分钟的时间，完全熟透需要15分钟。
* 餐厅中用蒸蛋器蒸鸡蛋。一般在家中为了使鸡蛋不裂开，在凉水锅中放入鸡蛋后加入2大勺食醋开火煮，（6个鸡蛋为基准/3杯水750ml，食醋2大勺）。

咖喱与米粉相遇越南咖喱鸡炒米粉

分量：4人份

烹饪时间：30分钟

难易度：中级

这道菜中的米粉虽然与韩国的小面非常相似，但是相比较更细一些。米粉经常用作越南饭团、汤以及炒制料理的食材，我将其与鸡胸肉一起放入咖喱粉翻炒制成这道美食。

材料

- ☐ 米粉 4捆（400g）
- ☐ 鸡胸肉 1块（300g）
- ☐ 白糖 1/2小勺
- ☐ 蒜泥 1大勺
- ☐ 料酒 1大勺
- ☐ 酱油 2大勺
- ☐ 胡椒粉 1捏
- ☐ 芹菜 1根
- ☐ 红甜椒 1个
- ☐ 小洋葱 1/2个
- ☐ 大葱 2段
- ☐ 食用油 2大勺
- ☐ 咖喱粉 $1\frac{1}{2}$大勺

制作指南

1. 米粉放入凉水中浸泡10分钟使其充分膨胀。
2. 将鸡胸肉切好，放入酱油、白糖、蒜泥、料酒、胡椒粉提前腌制。将红甜椒和小洋葱切好，芹菜及大葱切丝。
3. 中火将锅烧热倒入2大勺食用油，放入腌好的鸡胸肉翻炒。
4. 将泡好的米粉、蔬菜、咖喱粉放入其中，用筷子将食材拌匀翻炒，待米粉变软，调料融合即可完成出锅。

1

2

4

注意事项

* 米粉与粉丝相似，是非常细的大米面条，可在做汤、沙拉以及越南饭团中使用。
* 用米粉来做炒制料理时，先用水泡发。用于沙拉时，可在水中稍微一泡，然后放入开水中焯大约10秒，再用凉水冲洗，这样才能做出不错的味道。米粉在大型折扣店以及大型超市中均有销售。

一种料理两种菜品——南瓜鸡肉

分量：4人份
烹饪时间：30分钟
难易度：初级

"用两种食材、同样的调料制作出了一种料理。虽然调料的味道是一样的，但是南瓜和鸡肉菜品不同，品尝时味道也就不一样，虽然是一种菜品但是却有不一样的味道。"

材料

□ 南瓜 1/4个
□ 鸡胸肉 1块（200g）
□ 照烧汁 1/2杯（做法见下文的“注意事项”）
□ 蜂蜜 1小勺
□ 料酒 1大勺
□ 水 1/4杯

制作指南

1. 用绞肉机将鸡胸肉绞碎，将南瓜切成1.5cm宽的6块。

   Tip 根据南瓜的大小可以使用其1/2或是1/4。

2. 在照烧汁中放入蜂蜜、水、料酒搅拌。

3. 在烧热的锅中放入南瓜和绞好的鸡胸肉，倒入步骤2中调好的调料酱，用锅铲不断翻炒，使肉不要聚成一团。

4. 南瓜熟透后将其取出，鸡胸肉继续炖煮5分钟直至变色，然后装盘即可食用。

1

3

4

注意事项

· 自制照烧汁的秘诀：

将酱油1杯、白糖1/4杯、糖稀1/2杯、料酒2大勺、大蒜4头、胡椒粉1大勺、红辣椒4个、水1/3杯放入锅中煮，用小火熬制，使其变浓稠，用木铲或是勺子不断搅拌使其不煳锅。将熬好的酱汁倒入筛子中过滤，将过滤出的渣滓扔掉，然后将制作好的酱汁放入消毒瓶中储存，需要时取出使用。

夏天一定要品尝的裙带菜拌鸡肉

分量：4人份

烹饪时间：20分钟

难易度：中级

“在食物中毒高发的夏季，酸酸的裙带菜和食醋搭配萝卜泡菜爽口冷面，既消暑，又对身体健康非常有益。价格低廉的食材和简便的制作方法，让我们快将其端上餐桌吧。”

材料

- □ 鸡胸肉 1块（200g）
- □ 泡胀裙带菜 2杯（150g）
- □ 黄瓜 1/2根
- □ 洋葱 1/4个
- □ 料酒 1大勺

| 调料 |

- □ 食醋 1/4杯
- □ 白糖 1/4杯
- □ 柠檬汁 1小勺
- □ 食盐 1小勺
- □ 糖稀 1/2大勺（可省略）
- □ 芥末 1/2大勺（可省略）
- □ 料酒 1大勺

制作指南

1. 在煮沸的水中加入1大勺料酒，放入鸡胸肉煮10分钟。

2. 将泡胀的裙带菜切成4cm的长条，鸡胸肉也按纹理将其撕开。将黄瓜切为半月形薄片，洋葱切丝。

   Tip 裙带菜在泡发之前的干燥状态下，提前将其用剪刀剪为大约2cm长的条，泡发后无需再切，很省时。

3. 在小碗中拌入调料，制成芥末食醋汁。

4. 在小容器中放入裙带菜、鸡胸肉、黄瓜、洋葱，再加之芥末食醋汁，用手将酱汁和菜拌匀。

   Tip 提前做好在冰箱中放置30分钟，吃起来更加爽口，更加入味，味道也更佳。

2

3

4

注意事项

干裙带菜泡发后大约是两倍的量（干裙带菜1杯=泡发裙带菜2杯）。

让人难以忘怀的泰式罗勒辣炒鸡

分量：4人份

烹饪时间：20分钟

难易度：初级

"将鸡胸肉切碎并放入新鲜的罗勒一起翻炒的泰式炒饭，也叫作罗勒辣炒鸡。和热乎乎的米饭一同呈上桌，就不需要其他的菜品了。"

材料

- □ 鸡胸肉 1块（300g）
- □ 照烧汁 1/2杯
- □ 干红辣椒 3个
- □ 青阳辣椒 1个
- □ 食用油 1大勺
- □ 蒜泥 1/2小勺
- □ 水 2大勺
- □ 白糖 1小勺
- □ 生罗勒叶 8片

制作指南

1. 将鸡胸肉放入绞肉机绞碎备用，将青阳辣椒和干红辣椒斜切成0.5cm的小段，大蒜捣碎成泥。

   Tip 使用提前剁碎的鸡胸肉可以缩短烹饪时间。

2. 中火将锅烧热放入1大勺食用油，将蒜泥、干红辣椒爆香。

   Tip 大火炒蒜时注意不要煳锅。

3. 将鸡胸肉馅、照烧汁、白糖、水、青阳辣椒放入其中不断用木铲翻炒，使肉馅散碎，炒好后调小火盖盖煮2分钟。

4. 鸡肉熟到一定程度后，调料与食材相融合颜色变深，随后放入罗勒叶拌匀，然后关火盛入盘中。

   Tip 罗勒生吃也可以，所以在烹饪时最后放入，不要熟透。

1

2

3

注意事项

直接在市场上购买照烧汁使用，不再需要准备各种制作照烧汁的食材，非常方便。这道菜的特点在于辣味以及罗勒的香气。一定要放入干辣椒以及青阳辣椒，辣度可根据口味调节。如果给小孩吃可以不用辣椒，但是罗勒一定不要省略。

放入芸豆一起翻炒的芸豆炒鸡

分量：4人份

烹饪时间：25分钟

难易度：中级

"富含丰富维生素A的芸豆也被称为青豆。它与蛋白质丰富的鸡肉组合在一起可以说是梦幻组合，在此推荐给大家。"

材料

□ 芸豆 200g
□ 鸡胸肉 1块（200g）
□ 红甜椒 1/2个
□ 食用油 2大勺
□ 蒜泥 1大勺
□ 食盐 1/4小勺（3捏）
□ 胡椒粉 1小勺

I 提前入味 I

□ 料酒 1大勺
□ 酱油 2大勺

制作指南

1. 在烧开的水中放入食盐，将芸豆焯水30秒后泡入冰水中，然后用笊篱捞出。

2. 将鸡胸肉剁碎备用，红甜椒切丁。

Tip 如果直接购买鸡肉馅使用可以缩短烹饪时间。

3. 在鸡肉馅中放入料酒、酱油和胡椒粉提前入味。

4. 在平底锅中倒入食用油，用中火充分翻炒鸡肉馅大约5分钟，将其炒熟。

5. 在步骤4中放入步骤1中的芸豆以及切丁的红甜椒、蒜泥翻炒，炒熟后即可出锅。

注意事项

烹饪时间比较短时，可以盖盖烹饪鸡肉，这样鸡肉熟得快，汁多柔软，调料也更加入味。

比酱牛肉还要美味的**魔芋鸡**

- 分量：4人份
- 烹饪时间：25分钟
- 难易度：中级

"酱牛肉做不好肉质会又韧又硬。如果使用鸡肉的话，方法简单，肉质更加柔软，也更加节约时间。魔芋没有卡路里，即使吃很多也不用担心增肥，对于减肥很有帮助。"

材料

□ 小块鸡胸肉 1块（200g）	□ 料酒 2大勺
□ 魔芋 1杯（300g）	□ 水 3大勺
□ 食盐 2大勺	□ 酱油 4大勺
□ 长宽 5cm的海带1张	□ 白糖 2大勺
□ 食用油 1大勺	□ 糖稀 1/2大勺

制作指南

1. 将鸡肉切为1.5cm大小的块。在魔芋中撒入2大勺食盐，用手拌一下，然后用流水冲洗。用湿餐巾将海带表面的白色杂质擦掉。

2. 在中火烧热的锅中倒入食用油，放入鸡肉和魔芋，不断翻炒，待鸡肉表面熟后放入料酒、水、酱油、白糖、海带，开一次锅。

   Tip 用煮熟的鹌鹑蛋代替魔芋也非常美味。

3. 步骤2中开锅后盖上锅盖，咕嘟咕嘟煮10分钟，将海带捞出切丝。

4. 在煮沸的步骤3中的锅里放入糖稀，再炒1~2分钟，使调料混合均匀，然后装盘，将切好的海带丝放在上面，这样就完成了。

1

2

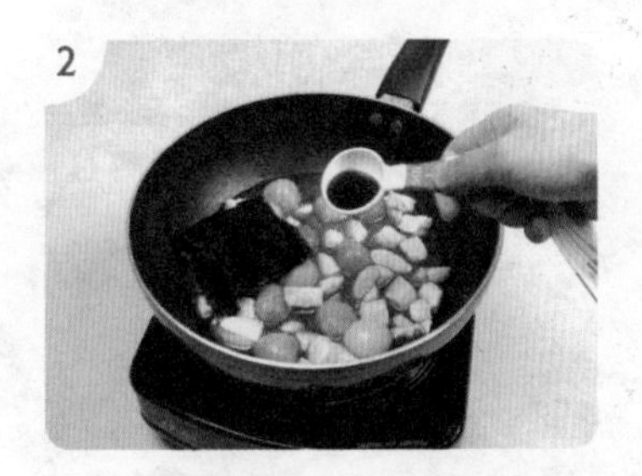

4

注意事项

与其将魔芋焯水，不如撒2大勺盐用手来回搓一搓然后用流水冲洗2~3遍，这样魔芋特有的杂味就被去除了。

劲道爽口的蒜末葱丝拌鸡胗

分量：4人份

烹饪时间：30分钟

难易度：中级

"鸡胗是在冰箱中常备的食材。只要制作好蒜末酱汁，接待客人一点问题也没有。"

材料

- □ 鸡胗 10个
- □ 料酒 1大勺
- □ 食用油 2大勺
- □ 大葱 4段
- □ 菠萝罐头 2块

| 蒜末酱汁 |

- □ 蒜泥 1大勺
- □ 橄榄油 2大勺
- □ 食醋 $1\frac{1}{2}$大勺
- □ 白糖 1大勺
- □ 甜芥末 1/2大勺
- □ 食盐 1捏

制作指南

1. 提前将蒜末酱汁的食材拌匀，放入冰箱中冷藏。
2. 在鸡胗中倒入料酒，在平底锅中倒入食用油干炒7分钟。
3. 将炒好的鸡胗竖着切一下，大葱用切葱刀切丝放在凉水中浸泡。
4. 在容器中放入鸡胗、葱丝以及切成适合入口大小的菠萝，再加入蒜末酱汁搅拌。
5. 用筷子将所有的食材拌匀装盘即可。

1

3

5

注意事项

鸡胗经常被叫作鸡胃，或者是砂囊。它有厚厚的肌肉层和较硬的黏膜，鸡觅食时吞入沙子或是小石子后会装在砂囊中，有助于磨碎消化谷物的作用。一些地区取肌肉之胃的意义，称之为筋胃。

代替香肠小菜的番茄酱炒鸡胗

分量：4人份

烹饪时间：30分钟

难易度：中级

“鸡胗经常被作为下酒菜食用，加入番茄酱以及辣椒后作为下饭菜也堪称一绝。”

材料

- □ 鸡胗 20个
- □ 红色小辣椒 2个（或是甜椒 1/2个）
- □ 小洋葱 1个
- □ 青阳辣椒 1个
- □ 大蒜 4瓣
- □ 食用油 1大勺
- □ 食盐 1/4小勺（3捏）
- □ 番茄酱 1/4杯

| 腌料 |

- □ 辣椒粉 1/4小勺（3捏）
- □ 料酒 1大勺

制作指南

1. 将红辣椒和洋葱切为一口可以吃下的大小，大蒜切薄片，青阳辣椒也切成薄片。

2. 为了吃起来方便，鸡胗可以切成两半，用辣椒粉和料酒腌制以提前入味。

3. 用中火将锅烧热，倒入食用油，将鸡胗翻炒7分钟以上，直至炒熟。

4. 在步骤3中翻炒的鸡胗中放入提前切好的红辣椒、洋葱、蒜片、青阳辣椒继续翻炒，加盐入味，待洋葱变透明后加入番茄酱翻炒均匀后装盘。

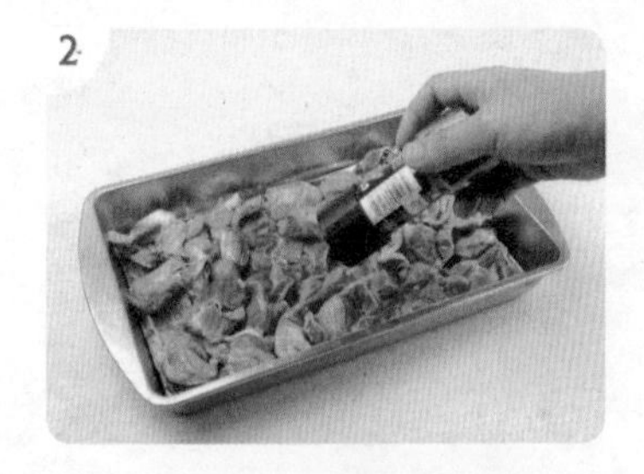

使嘴里火辣辣的胡椒炒旱芹

- 分量：4人份
- 烹饪时间：30分钟
- 难易度：中级

“爽口的旱芹和麻酥酥的辣胡椒鸡块相搭配是正合适的美味。满满地放入蔬菜，即使吃鸡肉料理也不会有任何负担。”

材料

□ 鸡胸肉 1块（300g）	□ 食用油 1大勺（炒制用）
□ 旱芹 2根	□ 食盐 1/2小勺
□ 洋葱 1个	□ 胡椒子 1小勺
□ 大葱 1根	□ 芝麻盐 1小勺
□ 全粉 4大勺	□ 香油 1大勺
□ 料酒 1大勺	□ 保鲜袋 1个
□ 食用油 2杯（煎炸用）	

制作指南

1. 旱芹和大葱斜切成段，洋葱也切好。

2. 在保鲜袋中放入料酒和全粉，以及切成1.5cm大小的鸡肉块，然后封住保鲜袋口来回晃动。充分晃动使面粉均匀地粘在鸡肉上。

3. 在锅中放入煎炸用油，烧至180℃后放入步骤2中准备的鸡肉炸制。

4. 在平底锅中倒入炒制用食用油，放入旱芹、大葱、洋葱翻炒2分钟，然后放入炸好的鸡肉以及食盐，将胡椒子轻轻捣一下放入锅中，最后撒上香油和芝麻盐即可出锅。

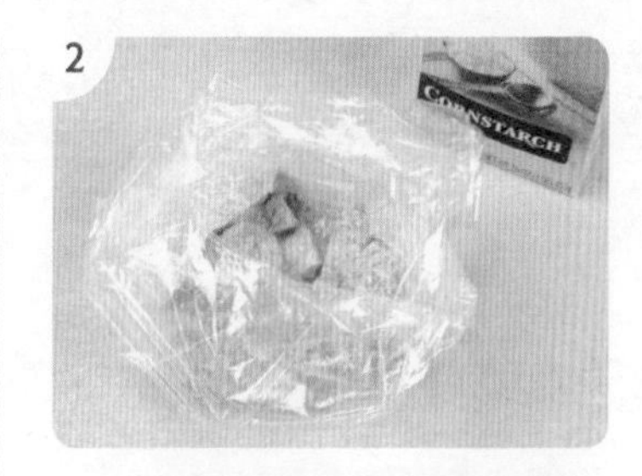

放入卷心菜的胡椒粉炒鸡胗

分量：4人份

烹饪时间：30分钟

难易度：中级

"可以将丈夫一天疲惫一扫而光的炒鸡胗。把它作为下酒菜，无与伦比。"

材料

- □ 卷心菜 1/4个
- □ 青阳辣椒 1个
- □ 干红辣椒 2个
- □ 鸡胗 25个
- □ 料酒 2大勺
- □ 食用油 2大勺
- □ 食盐 1/4小勺（3捏）
- □ 胡椒粉 1/4小勺（3捏）

制作指南

1. 将卷心菜切为1.5cm大小的块，青阳辣椒和红辣椒切碎。

2. 在锅中放入处理过的鸡胗和料酒煮7分钟。煮熟后捞出，放入笊篱中控干水。

3. 为了吃起来方便将鸡胗切为三等份。

4. 在平底锅中倒入2大勺食用油，放入切好的鸡胗翻炒2~3分钟，然后将切好的蔬菜放入其中，将卷心菜炒至透明，最后放入食盐、胡椒粉调味。

Tip 炒鸡胗时可用黄油或是白苏油来代替食用油，味道也不错，根据口味的不同也可放入蒜片。

2

3

4

注意事项

如果炒制太多蔬菜的话会影响口味。蔬菜也可以生吃，所以翻炒2分钟即可。

作为醒酒汤的辣鸡土豆汤

分量：4人份

烹饪时间：30分钟

难易度：中级

“豆芽汤作为醒酒汤虽然也很不错，但是这里给大家推荐做起来简单并且有肉的辣鸡土豆汤。辣乎乎的汤水使肠胃一下子就苏醒了。”

材料

□ 鸡胸肉 1块（300g）	□ 辣椒油 1小勺
□ 蒜泥 $1^1/_2$大勺	□ 水 4杯
□ 酱油 1大勺	□ 食盐 1捏
□ 辣椒粉 1大勺	□ 胡椒粉 1/4小勺（3捏）
□ 料酒 1大勺	□ 大葱 2根
□ 土豆 2个	

制作指南

1. 将鸡胸肉切为一口大小，放入辣椒粉、蒜泥、酱油、料酒提前入味，将土豆切为厚厚的半月形。

   Tip 只有把土豆切为厚厚的半月形，经过长时间的炖煮才不会碎掉，口感松软，同时又保留了土豆香香的、清淡的味道。

2. 中火将锅烧热，倒入辣椒油，将提前入味的鸡肉和土豆放入其中，将鸡肉表面炒熟。

3. 往步骤2的锅中倒入4杯水烧开，把鸡肉和土豆放入煮10~15分钟，将其煮熟。

4. 将葱切为2cm长的葱段放入锅中，用食盐、胡椒粉调味即可。

1

2

3

以热制热，辣乎乎的辣味鸡丝汤

- 分量：4人份
- 烹饪时间：50分钟
- 难易度：中级

“用一整只鸡炖出的妈妈的手艺，可以让我们轻松度过一个闷热的炎夏。相对于口感发硬并且需要长时间炖煮的辣味牛肉汤来说，辣味鸡丝汤做起来更加简单，口味更加清淡。”

材料

□ 鸡胸肉 2块（600g）	□ 大葱 2个	□ 酱油 1/4杯
□ 水 10杯（2500ml）	□ 胡椒子 10粒	□ 辣椒油 1/4杯
□ 小洋葱 1个（切薄）	□ 月桂树叶 1张（可省略）	□ 鱼酱 1/4杯
□ 绿豆芽 4把（300g）		
□ 蕨菜 25根	｜调料酱｜	
□ 香菇 4个（切薄）	□ 辣椒粉 1/2杯	
□ 平菇 10个	□ 蒜泥 2大勺	

制作指南

1. 绿豆芽在水中清洗后用笊篱捞出控干水，将蕨菜和大葱切为长于3cm的段。将平菇按纹路薄薄地撕开。再把洋葱和香菇适当地处理一下。

2. 在大锅中放入10杯水，将鸡肉、胡椒子、月桂树叶、葱段放入其中，盖盖煮30分钟直至将鸡肉煮熟。煮熟后将鸡肉捞出，为了吃起来方便，按纹理将其撕开。鸡汤过滤出来备用。

3. 在小碗中将调料混合，制作成辣味鸡丝汤的调料酱。

4. 中火将锅烧热，放入辣椒油，将鸡胸肉、绿豆芽、蕨菜、香菇、平菇、洋葱、大葱、调料酱放入锅中，翻炒3分钟。

5. 放入可以淹没步骤4中食材的鸡汤咕噜咕噜地煮，再将剩下的肉汤全都放入，煮至蕨菜被煮熟。

   ※Tip※ 发现汤水减少，可以一杯一杯（250ml）地加水（肉汤）。

6. 味道不足时可以再加入1小勺鱼酱来提味。

   ※Tip※ 没有韩式汤酱油的情况下可以将酱油和鱼酱按1:1的比例混合使用，如果汤不出味的话可以再放入1小勺蒜泥提味。

2

4

5

注意事项

如果熬制4~6人份的辣味鸡丝汤可以选取中等大小的一整只鸡（约1.2kg）来烹饪。

汤味一品清新的鸡肉芋头汤

- 分量：4人份
- 烹饪时间：30分钟
- 难易度：中级

"平时不怎么吃的芋头质感和土豆很相似。今天让我们熬制清淡的鸡肉芋头汤吧。做法简单，熬制过程中散发出来的香味绝对会让你赞叹不已。"

材料

□ 鸡胸肉 1块（200g）	I 提前入味 I
□ 芋头 4个	□ 胡椒粉 2小勺
□ 水 4杯（1000ml）	□ 长宽5cm海带 1张
□ 切好的葱花 2大勺（1颗小葱的分量）	□ 酱油 2大勺
	□ 料酒 1大勺
□ 食盐 1小勺	□ 蒜泥 1大勺

制作指南

1. 戴上塑料手套，用刮皮刀将芋头的皮刮掉后，在开水中焯1分钟，然后浸入凉水中放凉， 放凉后将其切为一口大小的半月形。

   Tip 芋头煮时间太长会松散，轻轻焯一下然后再放入汤中煮就不会松散了。

2. 在小碗中放入切为1.5cm大小的鸡胸肉以及海带、酱油、料酒、蒜泥、胡椒粉提前入味。

3. 在煮锅中放入提前入味的鸡肉和水，盖上盖子咕噜咕噜煮10分钟直至鸡肉煮熟。

   Tip 根据烹饪锅的大小，水量减少的话再一杯一杯（250ml）地加入，水量要跟锅大小相适应。

4. 鸡肉煮熟后放入提前焯好的芋头，继续煮3~5分钟直至芋头熟透。

5. 放入食盐、胡椒粉调味，然后放入切好的葱花后完成出锅。

   Tip 味道不足的话可以放入1/2小勺食盐和1/2小勺蒜泥，影响汤水颜色的酱油要少放。

3

4

5

注意事项

芋头去皮后会变色，所以要提前焯水。芋头表面滑滑的液体粘在手上会非常痒。一定要戴塑料手套处理芋头，这样才不会手痒。如果麻烦的话可以购买提前处理过的产品。

夏天补充元气的**清炖笋鸡**

- 分量：1人份
- 烹饪时间：30分钟
- 难易度：中级

"天气变热的时候，血液循环也会受到影响，胃口也会不好，慢性疲劳也会不断积聚。鸡肉是高蛋白低脂肪食品，比较容易消化，再放入人参、糯米、大枣、栗子，没有比这更好的补养食品了。"

材料

- 嫩鸡 1只
- 糯米 1/2杯
- 生姜 1块
- 大蒜 10瓣
- 胡椒子 10个
- 八角 1个
- 大葱 2个
- 水 3杯（750ml）
- 牙签 5个

制作指南

1. 生姜带皮备用，将大葱切碎。糯米充分浸泡30分钟以上。用流水冲洗鸡4~5分钟，将肚子内的血水等冲洗干净。

2. 在鸡肚子中放入5个大蒜和1/2杯糯米，用牙签或是竹签将鸡肚封起来使糯米不外漏。

3. 在大锅中放入鸡、生姜、胡椒子、八角，同时放入水使其没过鸡，盖上盖子用中火煮30分钟。

4. 肉汤第一次煮开时，将浮起的泡沫舀出，水减少了的话可以再放入2杯水。中火盖上盖子煮40分钟，再转小火煮20分钟。

1

2

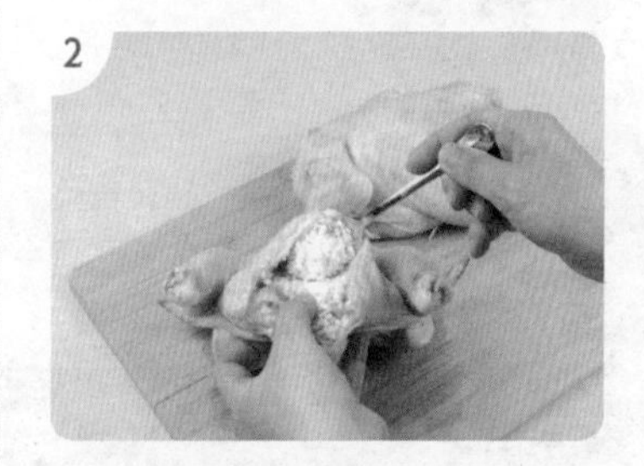

3

注意事项

将一大只鸡煮为白色来食用被称为清炖鸡，参鸡汤是加入人参、大枣等食材。参鸡汤用生姜代替人参也可以，对感冒人群是非常好的保养食品。嫩鸡的重量一般是500~700g，非常适合做参鸡汤。

特别的日子里要喝**乌鸡参鸡汤**

- 分量：1人份
- 烹饪时间：30分钟
- 难易度：中级

“就连骨头里面都是乌黑色的乌鸡和普通的鸡不同，肉质非常松软。平时常吃白鸡的话，偶尔也品尝一下乌鸡吧。如果再放入人参、黑米、糯米，就没有比这更好的补养饮食了，男女老少都非常适宜。”

材料

- □ 葱白部分 1段
- □ 墨西哥辣椒 1个（或是青阳辣椒）
- □ 乌鸡 1只（800g）
- □ 黑米 1/4杯
- □ 糯米 1/4杯
- □ 水 10杯
- □ 人参 2根
- □ 大枣 6个
- □ 大蒜 8瓣
- □ 胡椒子 10粒

制作指南

1. 将葱白部分切碎，墨西哥辣椒切薄。

2. 将浸泡了30分钟以上的糯米和黑米、大蒜、大枣等塞入乌鸡肚子中。

   Tip 如果先塞入大蒜和大枣的话，煮鸡的过程中就不会从脖子处漏出米粒。

3. 用牙签或是竹签将鸡肚子严严实实地封起来，使鸡肚子里的食材不至于掉出来。

4. 在煮锅中放入乌鸡、水、人参、大枣、胡椒子，煮50分钟，水减少了的话再放入2杯水，先煮开，再转为小火，慢炖40分钟。

   Tip 端上桌时再放入切碎的葱花和切片的墨西哥辣椒（或是辣辣椒）拼配。

1

2

3

乌鸡焯水既可以去掉杂物又可以去除腥味，汤的味道因此变得清爽可口。准备两口锅烧水焯食材，这样可以节约时间，使烹饪更加方便简单。

口味清淡双倍爽口的鸡肉海带汤

- 分量：4人份
- 烹饪时间：40分钟
- 难易度：初级

"颜色纯白、肉质松软的鸡肉和大海中含碘丰富的海带，用美味的鱼酱来调味的美味鸡肉海带汤，多吃点也不会感觉油腻的。"

材料

- □ 鸡胸肉 1块（100g）
- □ 泡发海带 200g
- □ 酱油 2大勺
- □ 鱼酱 3大勺
- □ 蒜泥 1大勺
- □ 香油 1小勺
- □ 水 3杯（750g）

制作指南

1. 先将鸡胸肉（100g）切为长条，然后再切为1cm的小块。

2. 在锅中放入泡发的海带、鸡胸肉、蒜泥、酱油、鱼酱和香油，中火翻炒3分钟，炒至香油和蒜泥出香。

   Tip 虽然在熬制海带汤时一般用的是特制酱油，但是把酱油和鱼酱放入汤中调味的话会比特制酱油更加美味。

3. 在翻炒的海带汤食材中倒入水烧开即可。

注意事项

干海带在泡发之前用剪刀将其剪开，泡发后就不用再用刀切了。干海带一般一抓的量就是2人份。泡发后会是2~3倍的分量，一定要注意。酱油主要起到提色的作用，放太多的话味道不好，汤的颜色也会变黑。所以，可以少放酱油，再用鱼酱调味。

Part

3

盒饭和一品料理

杏仁迷迭香鸡肉串 / 鸡蛋三明治 / 越式法包鸡肉三明治 / 鸡肉三明治卷 / 皮塔面包鸡肉三明治 / 鸡肉卷饼 / 菠萝照烧鸡肉汉堡 / 泡菜鸡排汉堡 / 炸鸡块 / 炸鸡柳 / 鸡肉火腿芝士卷 / 咖喱鸡胗块 / 棒棒鸡 / 鸡排 / 鸡肉刀削面 / 越南Pho Ga 鸡肉米粉 / 鸡肉冬阴功汤 / 鸡肉炒饭 / 照烧鸡肉盖饭 / 泡菜鸡排砂锅 / 泰国红咖喱鸡 / 泰国绿咖喱鸡 / 鸡肉焗饭 / 茄子鸡肉烤面条卷

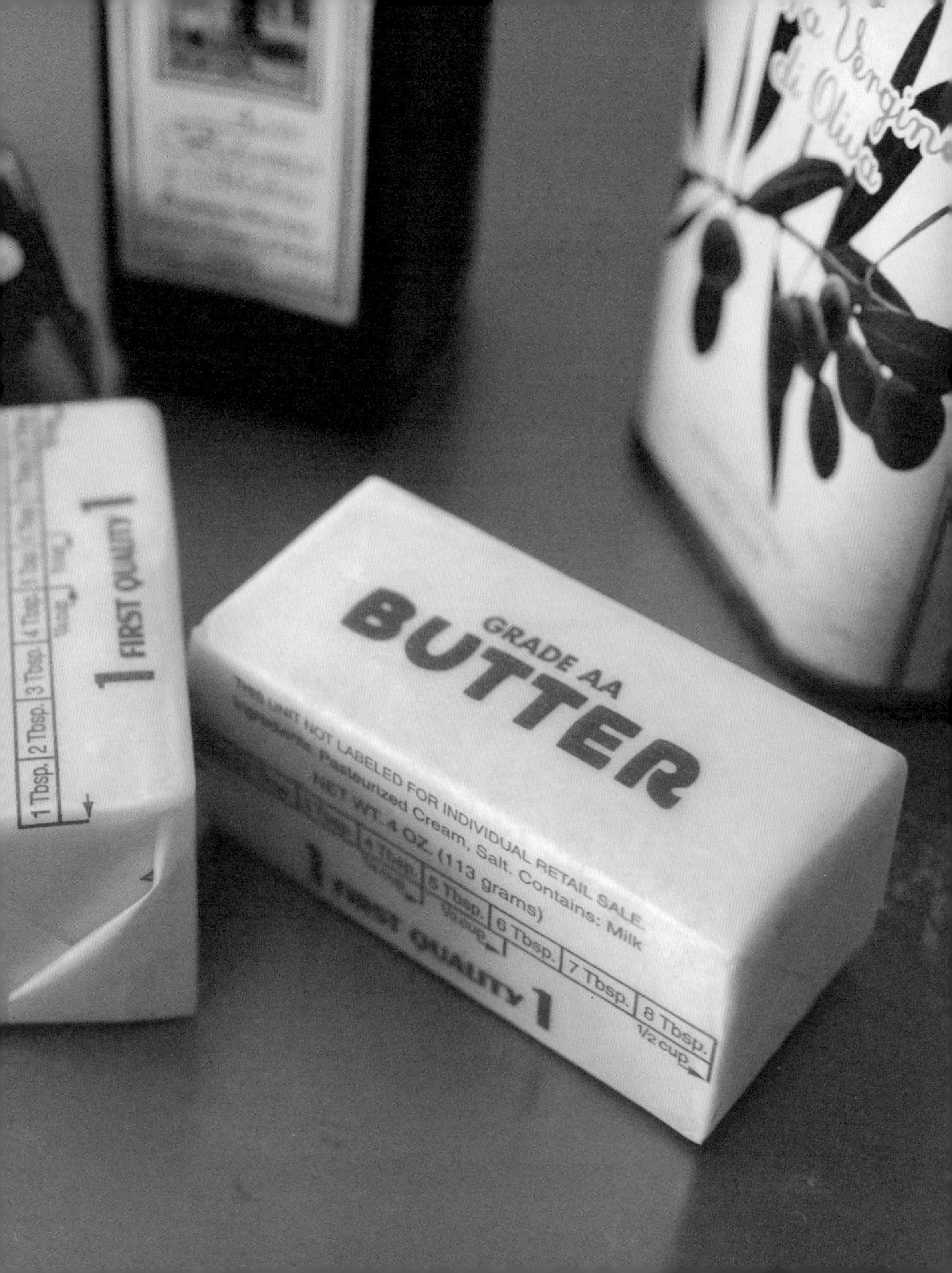

GRADE AA
BUTTER
Ingredients: Pasteurized Cream, Salt. Contains: Milk
NET WT. 4 OZ. (113 grams)
1 Tbsp.
2 Tbsp.
3 Tbsp.
4 Tbsp.
5 Tbsp.
6 Tbsp.
7 Tbsp.
8 Tbsp.
1/2 cup
1 FIRST QUALITY

不同色彩相调和的杏仁迷迭香鸡肉串

分量：4人份

烹饪时间：20分钟

难易度：初级

"用口感松软的鸡肉制作的鸡肉串配合酥脆的坚果和甜甜的酱汁，一下子就将味觉唤醒了。"

材料

- □ 鸡腿内侧肉 5块（600g）
- □ 竹签 3个（大约15cm的长度）
- □ 迷迭香香草 1棵
- □ 芥末 2大勺（可以省略）
- □ 杏仁碎（或是花生碎） 1/2杯

| 辣椒料汁 |

- □ 辣椒酱 4大勺
- □ 番茄酱 2大勺
- □ 洋葱汁 2大勺
- □ 苹果汁 2大勺
- □ 糖稀 1大勺
- □ 梅子汁 1小勺
- □ 白糖 1小勺
- □ 蒜泥 1小勺

制作指南

1. 将辣椒料汁所需的各种食材全部放入小碗中混合，制作辣椒料汁。

1

2. 将鸡肉切成2cm左右大小，加入3大勺辣椒料汁混合，一根竹签大约插入7块鸡肉。

3. 中火将平底锅烧热，放入步骤2中的肉串，每一面大约烤5分钟，注意不要烤煳。

   Tip 也可在烤盘或是炭火上烤制。

3

4. 鸡肉烤制到某种程度，表面的酱汁会减少，可以将剩下的酱汁分2~3次再次涂抹到鸡肉串上，使鸡肉两面均匀充分地受热，烤至熟透。

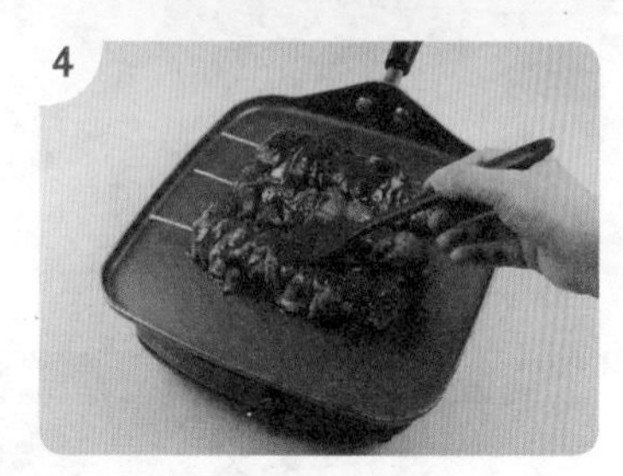
4

5. 鸡肉烤好后，将芥末、迷迭香、杏仁碎撒在肉串上装饰，既美味又漂亮，这样就完成了。

注意事项

①在鸡肉专卖店可以买到剔好的鸡腿内侧肉。不容易买到的时候，在超市或是肉店购买带骨头的鸡后腿，将肉剔出即可。
②肉串在烤制之前可放入水中提前浸泡，这样在烤制的时候就不容易烟。
③也可以将用不完的鸡肉串放入大保鲜袋中，在野营烤肉时使用。

饥饿时可速食的鸡蛋三明治

- 分量：4人份
- 烹饪时间：25分钟
- 难易度：初级

"不需要特别的食材，只要有鸡蛋就可以做出的简单料理。无论作为孩子们的零食还是作为营养满分的盒饭都是非常不错的。"

材料

- □ 鸡蛋 8个
- □ 芹菜 2根
- □ 碎黄瓜泡菜 4大勺
- □ 芥末 4大勺
- □ 蛋黄酱 5大勺
- □ 食盐 1/8小勺（2捏）
- □ 胡椒粉 1小勺
- □ 谷物面包 8瓣

制作指南

1. 将鸡蛋煮熟后将蛋壳剥掉，芹菜切好剁碎。

   Tip 鸡蛋煮好后直接放入凉水中，冷却后蛋壳比较容易剥。

2. 剥好壳的鸡蛋用刀剁碎或是用叉子捣碎。

   Tip 在鸡蛋比较多的情况下，用孔比较大的网或是烤网能快速简单地将鸡蛋捣碎。最重要的是蛋白吃起来的口感很好。

3. 将捣碎的鸡蛋、剁碎的芹菜、碎黄瓜泡菜、芥末、蛋黄酱、食盐、胡椒粉放入小碗中搅拌均匀。

4. 准备好谷物面包，将混合好的鸡蛋酱放上2~3大勺。

   Tip 也可将面包上比较硬的面包皮切掉。

5. 在放入鸡蛋酱的面包上面再放上另一片面包，然后用刀切开即可食用。

2

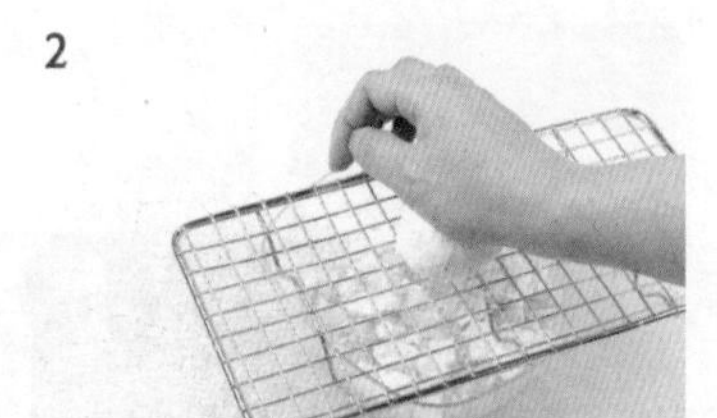

3

4

注意事项

也可以用土豆或是通心粉等煮熟后来代替鸡蛋作为主要食材来制作三明治，如果没有面包的话，直接作为搭配鸡肉食用的沙拉也很好。只要放入芥末和蛋黄酱等调料即可。

面包抹上黄油烤制的话会变酥脆，带来不一样的口感。

充满浪漫气息的越式法包鸡肉三明治

分量：2人份

烹饪时间：25分钟

难易度：中级

“在将谷物和米面混合制作的越式长棍面包里加入新鲜的蔬菜和甜甜的辣椒酱以及烘烤好的鸡肉和酸酸甜甜的酱萝卜，越式法包鸡肉三明治就是这样让人垂涎的东方式三明治。”

材料

□ 鸡胸肉 1块（200g）	□ 香菜 4棵（可以省略）	**| 凉拌萝卜丝 |**
		□ 萝卜 1/4个（斜切）
| 三明治 |	**| 辣椒酱调料 |**	□ 胡萝卜 1/2个（斜切）
□ 长棍面包 2个	□ 辣椒酱 $1^1/_2$大勺	□ 食醋 4大勺
□ 黄瓜 1个	□ 酱油 1/4小勺	□ 白糖 4大勺
□ 红辣椒 1个	□ 白糖 1/4小勺	□ 水 4大勺
□ 青阳辣椒 1个	□ 料酒 1小勺	□ 食盐 1/2小勺

制作指南

1. 在切好的萝卜和胡萝卜里放入食醋、白糖、水、食盐等调味料，搅拌后腌制10分钟。

2. 黄瓜用削皮器切薄，将红辣椒和青阳辣椒切好。香菜用流水冲洗干净沥干水分。

3. 将鸡胸肉薄切为四等份，涂抹辣椒酱调料。

4. 将涂好调料的鸡胸肉放入平底锅中，每面烤制5~7分钟。

5. 将长长的法式面包切为15cm的长度，将面包侧切为两半。

6. 在面包中间按顺序放入烤好的鸡胸肉、黄瓜片、切好的辣椒、凉拌萝卜丝和香菜，三明治就做好了。

2

4

6

注意事项

越式法包（Banh mi）是利用大米制作的越南式长棍面包。最近这种越式法包中放入各种肉类和蔬菜的三明治非常受欢迎。如果越式法包不容易购买的话，也可以用一般的长棍面包或是三明治用面包代替。

快来尝尝鸡肉三明治卷

- 分量：4人份
- 烹饪时间：30分钟
- 难易度：初级

“卷饼在北京非常有名，吃烤鸭时，人们用卷饼卷上鸭肉。在家中没有烤鸭，也可以用照烧鸡或是炸鸡来代替鸭肉，用饼夹着吃也别有一番风味。1人份的话两张卷饼就足够了。”

材料

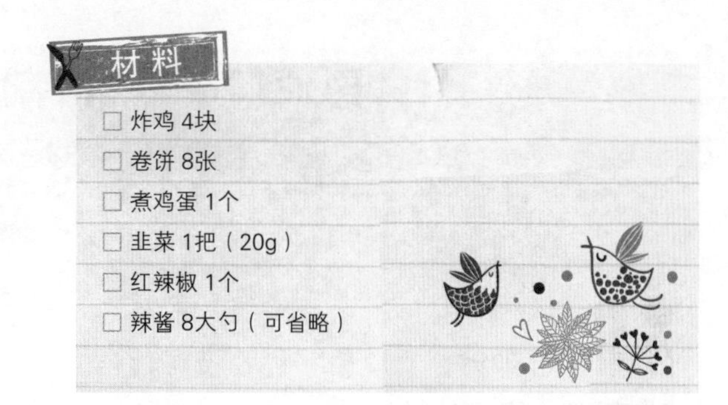

- 炸鸡 4块
- 卷饼 8张
- 煮鸡蛋 1个
- 韭菜 1把（20g）
- 红辣椒 1个
- 辣酱 8大勺（可省略）

制作指南

1. 将煮过的鸡蛋和红辣椒切成薄片，韭菜切为4cm长度的段。

2. 卷饼在蒸锅中蒸5分钟，从旁边中间部分将其切开。炸鸡仅剔出肉。

3. 将鸡蛋片、红辣椒片、韭菜和炸鸡、辣酱等材料塞入卷饼即可。

1

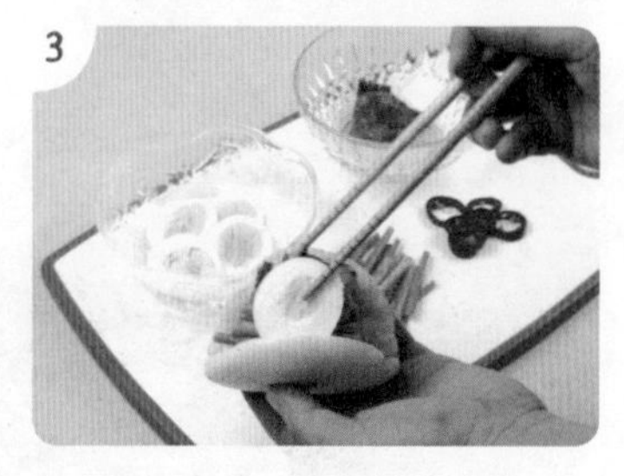

3

注意事项

不仅是炸鸡，也可以放入市场上销售的熏制鸡胸肉。搭配食用辣酱或是烤肉酱就会非常美味。

形似口袋非常有趣的
皮塔面包鸡肉三明治

- 分量：4人份
- 烹饪时间：30分钟
- 难易度：中级

“皮塔面包也被叫作口袋面包，属于中东国家传统吃食，是希腊阿拉伯人不可或缺的主食之一。食材和面包搭配，做三明治也好，沙拉也好，想吃的东西都可放入其中，这就是口袋皮塔面包。”

材料

□ 皮塔面包 4个	| 提前调味 |	□ 暹罗越南辣酱 1大勺
□ 鸡胸肉 1块（300g）	□ 蒜泥 1大勺	
□ 圆生菜 4张	□ 料酒 1大勺	
□ 紫洋葱 1/4个		
□ 小西红柿 1个	| 搭配酱汁 |	
□ 墨西哥辣椒 1个	□ 蛋黄酱 1/2杯	
□ 橙子 1个（或是橘子2个）	□ 番茄酱 1/4杯	

制作指南

1. 鸡胸肉放入蒜泥和料酒腌制5分钟后，在烤盘或是平底锅中烤熟，然后将其切为薄薄的长条。

2. 将西红柿、橙子、墨西哥辣椒切片，紫洋葱切薄，一个皮塔面包准备一张圆生菜备用。

3. 制作搭配酱汁，将酱汁所需各种食材拌匀制作而成。

4. 在每个皮塔面包中各放入圆生菜、西红柿、紫洋葱、切片的橙子或是橘子、墨西哥辣椒和鸡肉条。搭配酱汁食用即可。

1

2

4

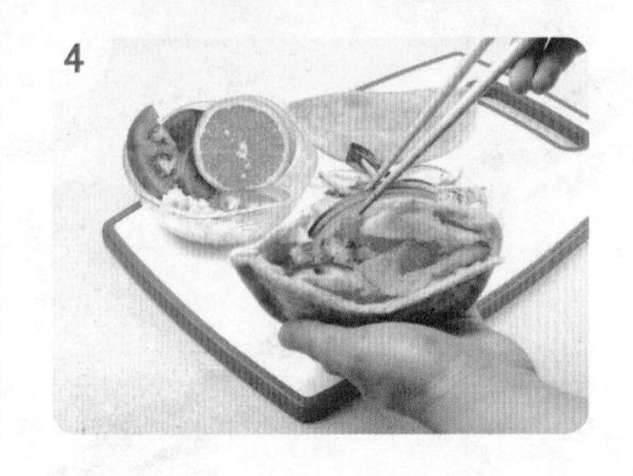

注意事项

炸鸡包着吃味道也非常不错，也可以搭配辣酱食用。

皮塔面包（Pita Bread）是使用发酵菌发酵而成的圆圆的扁形面包。

墨西哥国民零食——鸡肉卷饼

分量：4人份

烹饪时间：30分钟

难易度：中级

"鸡肉卷饼和韩国的九折坂非常相似。虽然样子和食材不同，但是只要准备好食材就可以动手卷着吃，温锅或是某些聚会中非常受欢迎。"

材料

- ☐ 鸡胸肉 2块（600g）
- ☐ 圆生菜叶 6张（切好）
- ☐ 珍珠小番茄 10个
- ☐ 食用油 2大勺
- ☐ 切达芝士 1杯
- ☐ 红辣椒粉 1大勺
- ☐ 食用油 1大勺
- ☐ 薄饼 8张

| 提前入味 |

- ☐ 蒜泥 1大勺
- ☐ 食盐 1大勺
- ☐ 胡椒粉 1大勺

制作指南

1. 将鸡胸肉切碎，放入蒜泥、食盐和胡椒粉提前入味。
2. 将圆生菜叶子切细，珍珠小番茄2等分。
3. 在锅中倒入食用油，将提前入味的鸡胸肉放入翻炒，放入红辣椒粉提色。
4. 在薄饼中依次放入圆生菜、鸡胸肉2大勺、切达芝士、珍珠小番茄。

Tip 也可以放入红萝卜（radish）或是撒上酸柠汁。

3

4

注意事项

珍珠小番茄相当于大西红柿1/5的分量。如果没有红灯笼辣椒粉可以用普通辣椒粉代替。在进口商品区购买薄饼粉来做的话会更简单。

菠萝与鸡肉的相遇
——菠萝照烧鸡肉汉堡

- 分量：4人份
- 烹饪时间：40分钟
- 难易度：中级

"自制汉堡不好吃？对这种说法说不！菠萝和照烧汁搭配，放入厚厚的肉饼就做成了鸡肉汉堡！在家中准备放心食材，请妈妈亲手制作吧。"

材料

- ☐ 鸡胸肉 2块（600g）
- ☐ 荷兰芹 1/2杯
- ☐ 蒜泥 2大勺
- ☐ 料酒2大勺
- ☐ 食盐 1小勺
- ☐ 胡椒粉 1小勺
- ☐ 食用油 1大勺
- ☐ 生菜 1片
- ☐ 汉堡面包 2个
- ☐ 罐头菠萝片 2个
- ☐ 蛋黄酱 4大勺
- ☐ 照烧汁 1/2杯

制作指南

1. 将鸡胸肉、荷兰芹、蒜泥、料酒、食盐、胡椒粉放入搅拌机中搅拌。

   Tip 提前将鸡胸肉切开可以缩短烹饪时间。

2. 将步骤1中的鸡胸肉分为两份各300g，用手做成厚厚的圆圆的肉饼。

3. 在烤盘中涂上食用油，放上鸡肉饼和菠萝，涂抹2~3次照烧汁将其烤熟。

4. 在汉堡面包内侧涂抹1大勺蛋黄酱，然后依次放上生菜、西红柿、鸡肉饼、照烧汁1大勺、蛋黄酱1小勺、菠萝、1大勺照烧汁，夹上面包即可。

1

2

3

注意事项

市场上销售的照烧汁和蜂蜜按照1:2的比例在锅中用木铲搅拌稍稍熬制一下。这样比普通的照烧汁更加光润，用在鸡肉串或是照烧汉堡中都不错。如果想制作辣味照烧汁可以放入干辣椒熬制。

泡菜和汉堡的融合——泡菜鸡排汉堡

分量：2人份
烹饪时间：30分钟
难易度：中级

“将大众所喜爱的鸡排放入汉堡中，用泡菜代替腌黄瓜，涂抹辣椒酱作为酱汁，再放上葱丝，享受制作更加美味异彩的汉堡吧。”

材料

□ 西红柿 1个	□ 食用油 2大勺	□ 蒜泥 1小勺	□ 食盐 1小勺
□ 苏子叶 6张	□ 千岛酱 4大勺（或是蛋黄酱）	□ 米醋 2大勺	□ 胡椒粉 1/2大勺
□ 生菜 4张		□ 香油 1/4小勺	
□ 芝士 2张			
□ 葱 4段	丨辣椒酱汁丨	丨鸡肉饼丨	
□ 泡菜 10块	□ 辣椒酱 1/4杯	□ 鸡胸肉馅 600g	
□ 汉堡面包 2个	□ 番茄酱 2大勺	□ 蒜泥 2大勺	

制作指南

1. 西红柿切片，将苏子叶和生菜洗净沥干水分，取叶子备用。大葱用切葱刀切好放入冷水中。

2. 将肉饼食材放入小碗中搅拌后，制成300g的两个圆形肉饼。

3. 将辣椒酱汁食材全部放入小碗中搅匀。

4. 将步骤2中的肉饼放在平底锅中每一面烤制10分钟左右，使其熟透，在其上下涂抹辣椒酱汁。

   Tip 在烤盘中倒入少量食用油烤制，肉饼上可以出现烤痕。

5. 在汉堡面包上涂抹千岛酱，将生菜、苏子叶、鸡肉饼、西红柿2片、芝士1张、泡菜、葱丝等食材按顺序放到汉堡上，然后将另一片汉堡面包盖上即可。

1

3

4

比炸肉丸更简单的**炸鸡块**

分量：4人份

烹饪时间：20分钟

难易度：中级

"孩子们喜爱的鸡块，请妈妈亲手制作。准备烧烤汁、酸辣汁、蜂蜜芥末汁等各种各样的料汁蘸取食用会有双倍的美味。作为孩子们的生日菜单也非常不错。"

材料

- □ 鸡胸肉 2块（600g）
- □ 面粉 1杯
- □ 食用油 1杯

| 提前入味 |

- □ 料酒 1小勺
- □ 食盐 1小勺
- □ 胡椒粉 1小勺

制作指南

1. 鸡胸肉用刀剁碎或是放在绞肉机中绞好备用，放入料酒、食盐、胡椒粉提前入味。

   Tip 购买提前剁好的鸡肉馅可以缩短烹饪时间。

2. 将鸡肉泥团成15g左右的肉丸，蘸取面粉。

3. 将1杯食用油放入浅平底锅中，中火烧3分钟，油热后放入鸡肉丸煎熟即可。

   Tip BBQ酱汁、甜辣酱、草莓酱作为蘸酱搭配食用味道极佳。

1

2

3

注意事项

制作蜂蜜芥末汁

芥末4大勺、蛋黄酱2大勺、蜂蜜1大勺搅拌即可。

在美国大受欢迎的**炸鸡柳**

分量：4人份

烹饪时间：30分钟

难易度：中级

“美国人非常喜欢鸡肉。我们小区鸡柳专卖店总是顾客爆棚。好奇买来品尝，口味真是一绝。烹饪鸡柳的秘诀就在于乳酪。”

材料

- □ 鸡胸肉 2块（600g）
- □ 乳酪 1/4杯（或是用牛奶代替）
- □ 蒜泥 1大勺
- □ 食盐 1小勺
- □ 胡椒粉 1小勺
- □ 食用油 3杯（750ml）

| 炸粉 |

- □ 面粉 1/2杯
- □ 全粉 1大勺

制作指南

1. 将鸡胸肉竖切6等分，放入乳酪（牛奶）、食盐、胡椒粉、蒜泥提前入味。

2. 提前入味的鸡胸肉放入面粉和全粉混合的炸粉中，均匀蘸取。

3. 锅中倒入3杯食用油，预热到180℃后将蘸好炸粉的鸡胸肉放入炸制5~6分钟，炸熟后捞出。为使鸡胸肉表皮酥脆，可再次炸制4分钟，搭配蜂蜜芥末汁或是卷心菜沙拉食用。

1

2

3

注意事项

蜂蜜芥末： 芥末1/2杯、蛋黄酱1/4杯、蜂蜜2大勺混合均匀。

千岛酱： 蛋黄酱1/2杯、番茄酱2大勺、红灯笼辣椒粉1大勺（或是普通辣椒粉）混合均匀。

模样和味道一流的**鸡肉火腿芝士卷**

- 分量：4人份
- 烹饪时间：30分钟
- 难易度：中级

"视觉上就像寿司卷，是既美观又美味的西式鸡排卷。卷内放入咸咸的火腿和芝士，香喷喷的味道，无论何时呈给客人都会获得一致的称赞。"

材料

- □ 鸡胸肉 1块（300g）
- □ 食盐 1/8小勺（2捏）
- □ 胡椒粉 1/4小勺（3捏）
- □ 三明治用火腿 2片
- □ 三明治用芝士 2片
- □ 鸡蛋 2个
- □ 面粉 $1\frac{1}{2}$杯
- □ 面包粉 $1\frac{1}{2}$杯
- □ 食用油 2杯
- □ 芥末酱（根据需要）
- □ 鞑靼沙司（根据需要）

制作指南

1. 鸡胸肉从右边部分开始连续切三次，不要切断，像生鱼片一样将其展开，在表面撒上食盐、胡椒粉提前入味。
2. 将火腿和芝士放在鸡胸肉上。
3. 将步骤2中准备的鸡肉像卷寿司一样仔细卷好。
4. 将步骤3中的鸡肉卷依次蘸取面粉、鸡蛋液、面包粉。
5. 在锅里或是浅平底锅中倒入食用油，烧制180℃后放入肉卷，炸至表皮酥脆。为了吃起来方便，可以将其像紫菜包饭一样切开，在上面之字形撒上鞑靼沙司和芥末酱即可。

Tip 煎炸时为防止表面焦煳，可以用夹子翻转一下，充分煎炸7分钟。

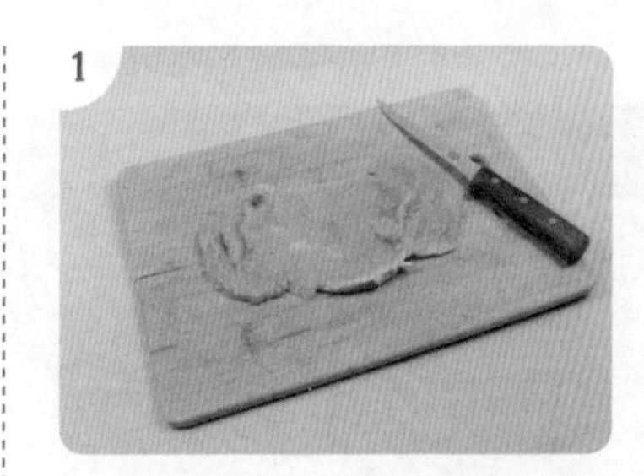

1

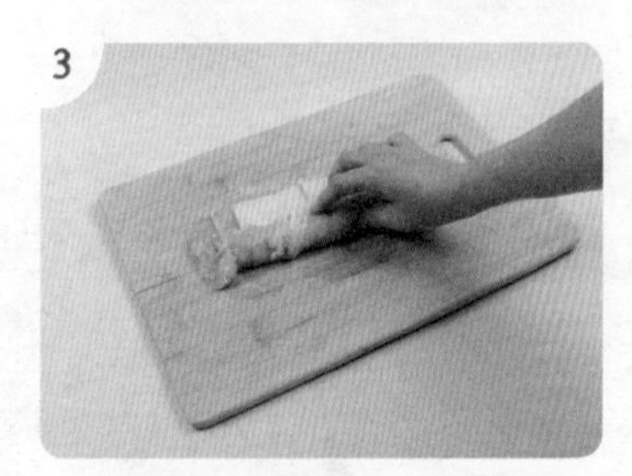

3

5

注意事项

可以将大约1/4杯芥末酱放入小保鲜袋中，做成像奶油包的样子，这样就可以挤出长长的漂亮的芥末酱作为装饰了。将小葱或是韭菜等切碎来配色，使其看起来更加美味。

用厨房吸油纸将表面的油脂吸干后，直接带吸油纸来切，模样不会松散，注意在很烫的时候切的话会很容易散掉。

弥漫着咖喱香气的**咖喱鸡胗块**

分量：4人份

烹饪时间：25分钟

难易度：中级

“蘸取咖喱粉煎炸的鸡胗块味道清爽，模样圆圆的，非常受孩子们喜爱。这样制作的鸡胗表面酥脆，里面劲道，更加美味。”

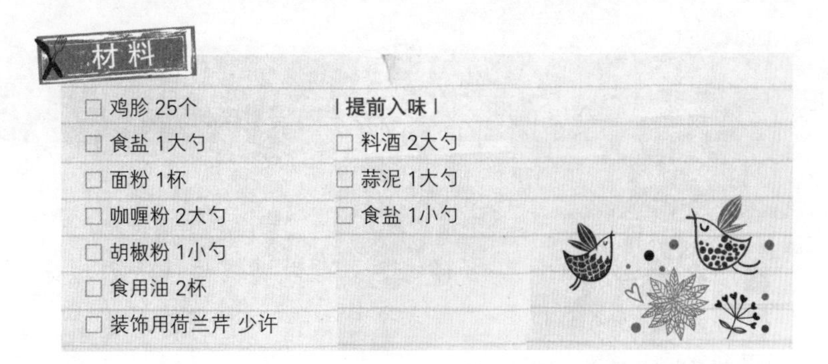

材料

- □ 鸡胗 25个
- □ 食盐 1大勺
- □ 面粉 1杯
- □ 咖喱粉 2大勺
- □ 胡椒粉 1小勺
- □ 食用油 2杯
- □ 装饰用荷兰芹 少许

| 提前入味 |

- □ 料酒 2大勺
- □ 蒜泥 1大勺
- □ 食盐 1小勺

制作指南

1. 将鸡胗的杂质和脂肪切除，放入1大勺食盐揉搓，然后用流水清洗。将鸡胗切为2等分，沥干水分后放入料酒、蒜泥、食盐提前入味。

2. 在保鲜袋里放入面粉、咖喱粉和胡椒粉混合，将处理好的鸡胗放入袋中，抓住袋口摇晃使鸡胗均匀蘸取混合粉。

3. 在平底锅中倒入食用油，中火烧3分钟，将锅烧热后放入步骤2中的鸡胗，炸制7~10分钟。

4. 炸制过的鸡胗放在铺有吸油纸的碟子上，将油沥干后盛入其他盘子中，放上荷兰芹装饰即可。

2

3

注意事项

如果喜欢辣味的话可以在步骤2中将1/2个青阳辣椒切碎放入其中。

涂有花生酱和草莓酱的**棒棒鸡**

分量：4人份

烹饪时间：30分钟

难易度：中级

"将鸡翅处理后做成棒棒糖的模样，烹饪方法不多，一般主要是酱烧或是烤制。美国感恩节时经常将蔓越莓酱与烤火鸡搭配食用，其实与鸡肉搭配食用也非常合适。"

材料

□ 鸡翅根 8个	□ 5cm烧烤铝箔纸 8张
□ 面粉 2杯	□ 丝带 8根（装饰用）
□ 鸡蛋 2个	
□ 面包粉 2杯	**I 提前入味 I**
□ 花生酱（视需要而定）	□ 食盐 1小勺
□ 草莓酱（视需要而定）	□ 胡椒粉 1/4小勺（3捏）
□ 食用油 2杯	

制作指南

1. 在处理过的棒棒鸡翅根上撒上食盐、胡椒粉提前入味。

2. 将步骤1中的棒棒鸡翅根依次蘸上面粉、蛋液、面包粉后整齐地摆放在盘子或是碗中。

3. 锅中倒入炸制用油烧至180℃，将棒棒鸡翅根充分炸制12分钟，使其熟透，有骨头的部分使其侧翻，用夹子来回翻动，即可炸熟。

   ※Tip※ 骨头和肉连接的部位不易熟，烹炸时间要久一些。

4. 炸后的棒棒鸡翅根放在厨房吸油纸上，去除油脂。

5. 炸好的棒棒鸡翅根一半涂抹花生酱，一半涂抹草莓酱，这样就完成了。

注意事项

除了草莓酱，可根据口味的不同选择不同水果酱。

鸡肉厚厚的鸡排

分量：4人份

烹饪时间：30分钟

难易度：中级

"干净利索的日式猪排固然美味，在面食店品尝厚厚的鸡排也非常美味。为了将肉做得薄一些要进行敲打处理，用鸡肉做不需要这样的步骤，做起来非常简单。"

材料

□ 鸡胸肉 2块（600g）	□ 蛋黄酱 1杯
□ 面粉 2杯	□ 食用油 2杯
□ 鸡蛋 2个	
□ 面包粉 2杯	**丨提前入味丨**
□ 猪排酱 1杯	□ 食盐 1/2小勺
□ 芥末酱 1杯	□ 胡椒粉 1小勺

制作指南

1. 鸡胸肉从左旁边入刀，切的时候要小心，注意中间部分不要切断，然后将鸡胸肉展开。

   Tip 鸡的处理方法参考Part1。

2. 鸡胸肉里放入食盐、胡椒粉提前入味，然后依次蘸取面粉、鸡蛋液、面包粉。

3. 在平底锅中倒入食用油，烧至180℃后，将鸡排炸至酥脆，盛入盘子中，然后撒上猪排酱和芥末、蛋黄酱，这样就完成了。

1

2

3

注意事项

在做煎炸料理的时候，需要使用大量食用油，在家中非常不方便。可以用较浅的煎锅，倒入一半程度的食用油，这样既减少用油量，也比较方便处理剩下的油。

备有辛辣调味料的美味**鸡肉刀削面**

分量：2人份

烹饪时间：30分钟

难易度：中级

“刀削面虽然在冬天也非常美味，但是在淅淅沥沥下着梅雨的夏季味道更加独特。仅用鸡胸肉熬制肉汤，汤水真是清淡可口。”

材料

□ 鸡胸肉 1块（200g）	**| 酱油调料 |**	□ 蒜泥 1小勺
□ 水 6杯	□ 酱油 4大勺	□ 葱 1颗
□ 生刀削面 300g（2人分量）	□ 辣椒粉 1小勺	□ 青阳辣椒 1/2个
□ 南瓜 1/2个	□ 白糖 1小勺	□ 红辣椒 1/2个
□ 洋葱 1/2个	□ 糖稀 1小勺	
	□ 胡椒粉 1小勺	
	□ 香油 1/4小勺	

制作指南

1. 将酱油调料的食材放入小碗中制作调味酱。将青阳辣椒、红辣椒、葱切好放入调味酱中。

2. 在锅中放入鸡胸肉和6杯水煮20分钟，然后按肉丝方向将鸡肉撕开，肉汤单独盛放备用。

3. 南瓜和洋葱切丝备用。

4. 在其他锅中倒入步骤2中的鸡肉汤，煮开后将刀削面和南瓜、洋葱以及煮好的鸡肉一同放入，再煮2~3分钟，面条煮熟后即可盛入碗中，搭配调味酱食用。

Tip 肉汤不够时再倒入一杯水（250ml）补足。

1

2

4

注意事项

市场上销售的生刀削面会粘有很多面粉，放面条前先用流水冲洗的话，面条会更容易熟而且口感更加劲道。

这是真正的米粉烹饪方法!

越南Pho Ga鸡肉米粉

- 分量：2人份
- 烹饪时间：60分钟
- 难易度：中级

“与牛肉汤相比，汤味更加清淡可口的鸡肉米粉即使不用长时间煮也有浓汤的香味，比米粉专卖店的味道更加好，没有使用添加剂和多余的调味料，也更有利于健康。”

材料

☐ 鸡架 1只鸡的分量	I 肉汤 I	☐ 洋葱 1个	I 搭配蔬菜 I	☐ 酸橙（或是柠檬）1个
☐ 鸡胸肉 1块（300g）	☐ 桂皮条 2个（15g）	☐ 生姜 1块	☐ 绿豆芽 200g	☐ 切薄的洋葱 1个
☐ 越南米粉 2人份（300g）	☐ 八角 2个	☐ 大葱 2颗	☐ 香菜 1把	☐ 切碎的葱花 4大勺
☐ 水 12杯	☐ 肉豆蔻 1粒	☐ 大蒜 1头（大约10瓣）	☐ 罗勒 8张	
	☐ 香菜种 4大勺	☐ 食盐 2大勺	☐ 辣椒 1个	
	☐ 茴香种 4大勺	☐ 鱼酱 3大勺		
	☐ 丁香 10个	☐ 白糖 1小勺		

制作指南

1. 搭配蔬菜提前在凉水中清洗后沥干水分，将除了食盐、鱼酱、白糖以外的所有肉汤食材放入小调料袋中。

2. 将洋葱和生姜用金属筷子或是金属签串起来，在烤箱或是燃气灶烤制7分钟，直到洋葱中间部分出汁。

   Tip 只有将洋葱和生姜带皮烤制，色泽才更加突显，味道才更加浓郁。

3. 在大煮锅中放入整鸡架、鸡胸肉、步骤1中的调料袋、大葱、步骤2中的生姜和洋葱、12杯水，中火开盖咕嘟咕嘟煮40分钟，转为小火，再盖盖煮50分钟。

   Tip 煮制的过程中肉汤量会减少，中途可以2杯2杯地加水来补足水量。

4. 想让汤色呈现褐色，将鸡架和调料袋、大葱捞出，放入肉汤食材中没放的2大勺食盐和2大勺鱼酱、1小勺白糖调味后再煮2~3分钟。鸡肉煮熟后，按纹理撕开。

5. 米粉在凉水中浸泡15分钟，然后放入水中煮1分钟。

6. 碗中放入米粉和鸡肉，倒入热乎乎的肉汤，放上搭配的蔬菜即可。

2

3

4

泰式海鲜锅鸡肉冬阴功汤

- 分量：4人份
- 烹饪时间：30分钟
- 难易度：中级

"泰国的冬阴功汤是世界三大汤之一，酸酸辣辣的独特味道深受全世界人们的喜爱。冬阴功汤是"熬煮"成的。冬阴功汤的原料中有虾，但是在泰国正统餐厅中也经常用牛肉或是鸡肉来代替大虾。"

材料

- ☐ 鸡胸肉 1块（200g）
- ☐ 虾 8只
- ☐ 豆腐 1/2块
- ☐ 水 4杯（500ml）
- ☐ 冬阴功汤酱 3大勺
- ☐ 蟹味菇 1包
- ☐ 巧克力菇罐头 50g

制作指南

1. 用牙签将虾背上的虾线剔除后冲洗备用。
2. 鸡胸肉和豆腐切成1.5cm的小块，将巧克力菇和蟹味菇用流水冲洗。
3. 在煮锅中倒入一定量的水，放入冬阴功汤酱，融化煮开。
4. 熬煮步骤3中的汤，放入鸡胸肉和蘑菇烧开，鸡胸肉煮熟后放入豆腐和大虾再煮3分钟即可。

2

3

4

使硬邦邦饭粒复活的鸡肉炒饭

分量：4人份

烹饪时间：25分钟

难易度：初级

“蔬菜处理方面需要大费周章的炒饭，虽然并没有与其辛苦相应的美味卖相，但是即使没有其他小菜，由于放入各种蔬菜炒制，也可以均衡摄入各种营养，周末作为午餐食用简单方便。”

材料

- □ 鸡蛋 2个
- □ 米饭 2碗
- □ 食用油 1小勺
- □ 鸡胸肉 1块（切成1cm小块）
- □ 橄榄油 3大勺
- □ 胡萝卜 1/4根（切成0.5cm的丁）
- □ 小洋葱 1/2个（切成0.5cm的丁/可省略）
- □ 芹菜 2根（切成0.5cm的丁/可省略）
- □ 豌豆 1/4杯
- □ 黄油 1大勺
- □ 酱油 1大勺
- □ 食盐 1小勺
- □ 胡椒粉 1小勺

制作指南

1. 在小碗中将鸡蛋打碎搅散，在锅中放入1小勺食用油，将蛋液放入锅中翻炒30秒，待鸡蛋成形后就用木铲将其捣碎，鸡蛋炒熟后单独盛在碗里。

   ※Tip※ 为了提升咀嚼鸡蛋时的口感所以要将鸡蛋单独翻炒。

1

2. 在锅中放入1大勺橄榄油，将切好的鸡胸肉大火爆炒。

3. 在中火烧热的平底锅中放入2大勺橄榄油和1大勺黄油，同时放入胡萝卜、芹菜、豌豆和小葱与米饭翻炒。

   ※Tip※ 用木铲将米饭捣开，可使饭粒与蔬菜充分混合。

3

4. 在步骤3中的炒饭中放入酱油、食盐、胡椒粉调味。

   ※Tip※ 炒饭用食盐调味，酱油用来调色。

4

5. 将提前炒好的鸡蛋和鸡胸肉放入其中，为使各种食材很好地混合再翻炒1分钟即可。

注意事项

炒饭要用凉米饭来炒，饭粒才比较劲道好吃。

炒饭用蔬菜要切成小丁（剁碎），使用时才能和米饭均匀混合，切碎的蔬菜对于消化也有帮助。所有的蔬菜大小只有切得均匀，烹饪时才能熟得均匀。

日式盖饭的一种，营养美味的**照烧鸡肉盖饭**

分量：2人份

烹饪时间：10分钟

难易度：初级

"凉了的炸鸡或是调料炸鸡不要再温了吃了，放在蒸器上一蒸就行。美味的盖饭一下就做好了。"

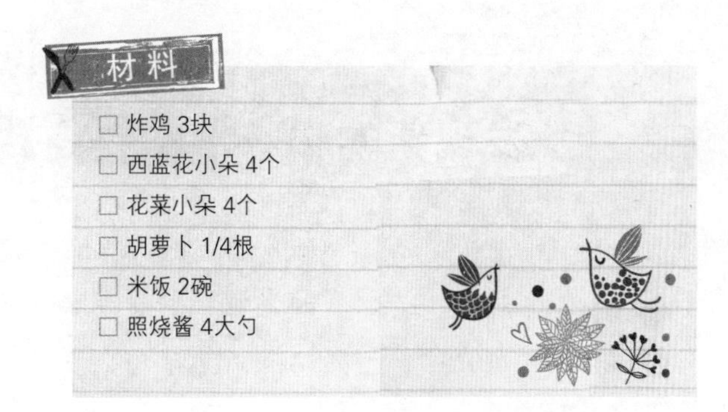

材料

- □ 炸鸡 3块
- □ 西蓝花小朵 4个
- □ 花菜小朵 4个
- □ 胡萝卜 1/4根
- □ 米饭 2碗
- □ 照烧酱 4大勺

制作指南

1. 凉了的炸鸡块用手将肉剥离，花菜和西蓝花处理后各切成4小朵备用，胡萝卜切成1cm大小的丁。

1

2. 中火烧热蒸锅，将包括鸡肉在内的食材放入蒸2~3分钟，直到蔬菜蒸熟。

   Tip 由于长时间蒸煮会破坏营养物质所以不要蒸太久。

2

3. 碗中盛饭，将蒸好的鸡肉和蔬菜放在上面，撒上照烧酱即可。

   Tip 凉饭、冷冻饭或是保温饭等都可以用。

3

注意事项

即使不用西蓝花和花菜也可以放上豌豆或是芦笋等喜欢的蔬菜来食用。

在蒸蔬菜和炸鸡时如果使用微波炉的话，2分钟就可以做成超速盖饭。

发现新的味道，泡菜鸡排砂锅

分量：1人份

烹饪时间：30分钟

难易度：中级

“如果对经常食用的泡菜汤感到腻的话，就将鸡排放入咕嘟咕嘟爽口的泡菜汤中试试。由于鸡排味道变得更加清淡，与泡菜汤辣辣的汤水相搭配，别有一番风味。”

材料

□ 鸡胸肉 1块（300g）	□ 面粉 1/2杯	I 提前入味 I
□ 泡菜 1/4棵（切成2cm大小）	□ 鸡蛋 2个	□ 食盐 1小勺
□ 辣椒粉 1大勺	□ 面包粉 1/2个	□ 胡椒粉 1小勺
□ 洋葱 1/2个（切丝）	□ 墨西哥辣椒 1个（或是青阳辣椒）	
□ 鸡汤 $1\frac{1}{2}$杯（300ml）（也可用水代替）	□ 小葱 1根	
□ 食用油 1杯		

制作指南

1. 在砂锅中倒入1大勺食用油，将切丝的洋葱、切成2cm大小的泡菜、辣椒粉放入其中，中火将洋葱炒至透明，倒入鸡汤煮泡菜汤。

1

2. 鸡胸肉从旁边入刀，从中间部分切成2等分，用食盐、胡椒粉提前入味。

Tip 不要将鸡胸肉敲打薄后再展开，只将其切为两半即可，这样煎炸厚厚的肉，肉感才能充满味蕾。虽然肉比较厚但是鸡肉还是比较松软的。

2

3. 将步骤2中的鸡胸肉依次蘸取面粉、蛋液、面包粉，放入180℃的油中烹炸。

Tip 在浅煎锅中倒入1杯左右少量的油来烹炸鸡胸肉，这样炸后不必处理剩下的油，刷锅也比较方便。

3

4. 将炸好的鸡肉切成1cm宽度的长条，放在泡菜汤上，再放入葱花、墨西哥辣椒点缀（青阳辣椒）即可。

注意事项

泡菜汤要长时间熬煮（大约中火煮30分钟左右）直至泡菜松软才能熬成浓汤。熬煮的过程中减少的水分可用鸡汤或是水来补充。

只要使用所带酱料比较多的发酵泡菜来熬煮，即使不加特别的食材也可以做出美味的鸡排泡菜汤。

有轻微辣味的泰国红咖喱鸡

分量：1人份

烹饪时间：40分钟

难易度：中级

“泰国红咖喱酱和椰奶一起煮，虽然口味清淡，但微微的辣味使人上瘾似地喜爱，胃口不好的时候吃一点非常不错。”

材料

□ 鸡胸肉 1块（300g）	I 装饰 I
□ 玉米笋 8个	□ 香菜叶 8根
□ 干茄子 20g（生茄子或是南瓜 1/2个）	□ 干辣椒 2个
□ 泰式红咖喱酱 4大勺	□ 青阳辣椒 1个
□ 椰奶 4杯（500ml）	

制作指南

1. 鸡胸肉切为1.5cm大小的肉丁备用，准备适量玉米笋和干茄子用水冲洗。香菜叶剁碎。

2. 煮锅中倒入椰奶和泰国红咖喱酱煮开，放入鸡肉和玉米笋，煮12分钟直至鸡肉煮熟。

3. 肉煮熟后最后放入干茄子再煮2~3分钟盛入碗中，最后放上香菜叶、干辣椒、青阳辣椒装饰即可。

Tip 用青阳辣椒来调节辣味。

1

2

3

注意事项

玉米笋、红咖喱酱和椰奶主要是罐头制品，在大型超市或是百货商店的进口区域都可以买到，而且价格低廉。

椰奶会粘在锅上，在煮椰奶的时候要调成中小火并且不断用木勺搅拌锅底。

充满异国风味的泰国绿咖喱鸡

分量：1人份

烹饪时间：40分钟

难易度：中级

"如果说印度输入姜黄有了黄咖喱，泰国用青辣椒和香菜种制作的香气扑鼻的颗粒，放入椰奶后味道非常柔和。"

材料

- □ 鸡胸肉 1块（300g）
- □ 泰式绿咖喱酱 4大勺
- □ 椰奶 1杯（250ml）
- □ 水 1杯（250ml）
- □ 南瓜（或是茄子）1个
- □ 中等大小洋葱 1个

| 装饰 |

- □ 珍珠小番茄 6个
- □ 切碎香菜叶 4大勺

制作指南

1. 鸡胸肉、南瓜、洋葱切成1.5cm小块。

2. 煮锅中倒入椰奶和水，放入泰式绿咖喱酱使其融化后中火煮4~5分钟，为使其不煳锅要不断搅拌。

3. 在步骤2中放入鸡肉和洋葱，将鸡肉煮熟，最后放入南瓜再煮2~3分钟，待南瓜煮熟后盛入碗中，将切成两半的珍珠小番茄和香菜叶撒上作为装饰。

1

2

注意事项

泰国绿咖喱酱在销售东南亚产品的商店或网店都可以购买到，价格低廉。

这道料理既可以搭配米饭食用，也可以煮小面搭配来吃，非常美味。

在家感受在外用餐的感觉**鸡肉焗饭**

分量：1人份

烹饪时间：40分钟

难易度：中级

"鸡肉焗饭想来做法很复杂，其实只要将家里剩的凉米饭和鸡胸肉放入翻炒即可作为周末料理了。"

材料

- □ 鸡胸肉 1块（300g）
- □ 小洋葱 1/2个
- □ 荷兰芹 1大勺
- □ 黄油 2大勺
- □ 食用油 1大勺
- □ 辣酱油 6大勺
- □ 番茄酱 2大勺
- □ 米饭 1碗
- □ 月桂树叶 1个
- □ 食盐 1/4小勺（3捏）
- □ 马苏里拉奶酪 2杯

| 提前入味 |

- □ 料酒 1大勺
- □ 蒜泥 1小勺

制作指南

1. 洋葱切丝，荷兰芹剁碎，鸡胸肉切成1cm大小的块，放入蒜泥和料酒腌制5分钟。

2. 中火将锅烧热，放入食用油和黄油，然后放入步骤1中的鸡胸肉和洋葱翻炒，鸡肉熟后放入辣酱油、番茄酱混合均匀。

3. 在步骤2中放入米饭和荷兰芹碎、月桂树叶一起翻炒后放入食盐、马苏里拉奶酪。

4. 在烤制容器碗里用刷子或是手指仔细将黄油涂在上面。

5. 将炒制好的食材盛在步骤3中的碗里，放入预热200℃的烤箱中烤20分钟，直至奶酪酥脆。

1

4

5

注意事项

在购买马苏里拉奶酪时一定要确认一下是否是由牛奶制作的产品，购买质量上乘的奶酪非常重要。

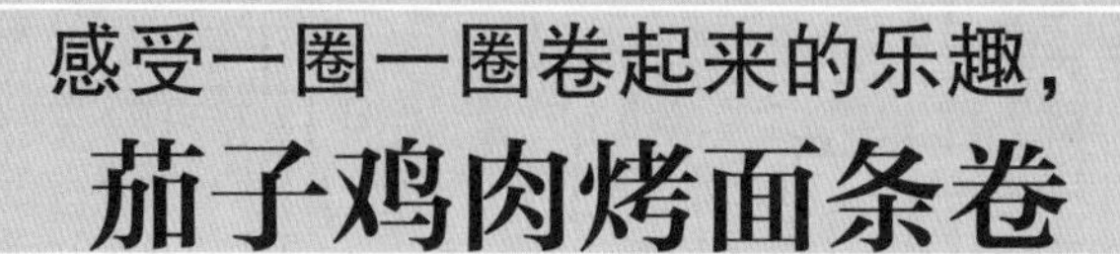

感受一圈一圈卷起来的乐趣，

茄子鸡肉烤面条卷

分量：4人份

烹饪时间：40分钟

难易度：中级

“我的第一份工作是在餐饮部门，那时，每两天就要做一次烤面条卷。提前做好，放入微波炉中热1分钟，这就是一顿超速饭。没有汤，也不会散发气味，职场人作为盒饭也是不错的选择。”

材料

□ 茄子 1/4个	I茄子调料I	□ 食盐 1/4小勺	□ 食盐 1/4小勺
□ 鸡胸肉 1块（300g）	□ 食盐 1/4小勺	□ 胡椒粉 1/4小勺	□ 胡椒粉 1/4小勺
□ 橄榄油 1大勺	□ 橄榄油 1小勺	□ 橄榄油 1大勺	
□ 烤宽面条 4张			
□ 番茄意大利面酱 2杯	I鸡胸肉调料I	I奶酪沙司I	
	□ 蒜泥 1大勺	□ 乳清干酪 2杯（400g）	
	□ 料酒 1大勺	□ 帕玛森奶酪 1/4杯	

制作指南

1. 将茄子切成薄片，用1/4小勺盐和1小勺橄榄油提前入味，然后放入烤盘中在微波炉中烤30秒，将茄子烤熟。

2. 将鸡胸肉横放，从中间将其切成2块，放入鸡胸肉调料提前入味，然后放入微波炉中烤3分钟，将其烤熟，根据烤面条的大小切好。

3. 在大锅中将水烧开，放入1大勺橄榄油和宽面煮10~12分钟，用笊篱捞出。煮好的宽面、鸡胸肉、切好的茄子和里面的食材都整齐放在盘中备用。

4. 将乳清干酪、帕玛森奶酪、食盐和胡椒粉搅拌均匀制成奶酪沙司。

   Tip 放入适量食盐调味使口味清淡。

5. 将宽面条铺开，用勺子厚厚铺一层奶酪沙司，在上面放上鸡肉和茄子，卷成大约4cm宽的卷。

   Tip 不要像卷紫菜包饭一样卷得紧密结实。

6. 将步骤5中的宽面卷放入烤箱容器中，放上厚厚的番茄意大利面酱，温度调至180℃烤制20分钟即可。

3

5

6

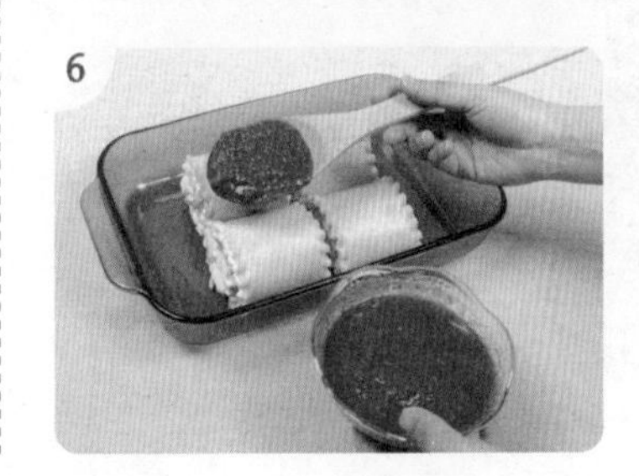

注意事项

放上意大利辣香肠、火腿、肉丸子、泡菜碎、蔬菜等喜欢的食材卷起来食用也非常不错。

早午餐和餐后甜点

酱拌鸡肉荞麦面 / 芥末鸡肉凉菜沙拉 / 脆皮饼的美式鸡汤 / 烤鸡玉米饼 / 旱芹苹果鸡丝玉米饼 / 草莓汁鸡肉沙拉 / 西红柿酸辣酱拌烤鸡 / 菠菜鸡肉煎蛋卷 / 鸡肉水果杯 / 鸡肉火腿小茶点 / 鞑靼沙司鸡胗串 / 鸡肉鸡蛋卷 / 超简单鸡丝粥 / 鸡丝面汤

BARTOLOMEI
SPECIAL SELECTION
Olio
Extra Vergine
di Oliva
PRODUCT OF ITALY
500 ml

鸡肉搭配夏季面条**酱拌鸡肉荞麦面**

- 分量：4人份
- 烹饪时间：40分钟
- 难易度：初级

“荞麦面可以选择搭配凉爽的肉汤或是温热的肉汤，还可以选择麻辣辣的辣椒酱或者酱油调料来食用。特别是在炎热的夏季，一碗酱拌鸡肉荞麦面可以将暑气一扫而光。”

材料

- □ 鸡胸肉 1块（300g）
- □ 荞麦面 4人分量（400g）
- □ 黄瓜 1/2个
- □ 西红柿 1个
- □ 香菜 1小把（可以省略）
- □ 大葱 2段
- □ 大蒜 6瓣
- □ 胡椒子 10粒
- □ 八角 1个（可用料酒代替）

| 酱油调料 |

- □ 酱油 1/2大勺
- □ 食醋 2大勺
- □ 鸡汤 1/4杯
- □ 白糖 2大勺
- □ 糖稀 1大勺
- □ 芥末 2大勺
- □ 柠檬汁 1大勺
- □ 辣椒粉 1/2大勺
- □ 鱼酱 1大勺
- □ 萝卜汁 1/2杯
- □ 蒜 1大勺
- □ 芝麻盐 2大勺
- □ 葱花（2颗大葱的分量）
- □ 胡椒粉 1小勺

制作指南

1. 将荞麦面放入开水中煮5~6分钟，煮熟后捞出用凉水冲洗。

   Tip 如果煮1~2人份面条的话，将煮好的面条放入冰水中冲洗口感会更加劲道。

2. 锅中盛水，放入鸡胸肉、大葱、大蒜、胡椒子、八角充分煮15分钟。将剩余大葱切成15cm长的葱丝。

3. 黄瓜切为薄片，西红柿切为8块，煮好的鸡胸肉撕成鸡丝。

4. 酱油调料按上面提到的分量全部混合均匀备用。

   Tip 提前做好酱油调料放入冰箱，食用时拿出使用，清凉爽口。

5. 碟子中放入煮好的荞麦面、黄瓜、西红柿和鸡胸肉，用香菜、葱丝装饰。将提前制作好的面条酱油调料放上2大勺即可。

   Tip 根据口味的不同可以放入食醋，如果喜欢酸甜的味道还可以撒上切好的萝卜和芥末来食用。

注意事项

制作鳀鱼汤

体寒的人一定要做温热的肉汤来食用。温热的肉汤可以放入鳀鱼、鲭鱼排和海带来熬制。放入水1L、鳀鱼20条、鲭鱼排一小把、酱油2大勺、适量胡椒粉，咕嘟咕嘟煮20分钟即可。

用清淡的低卡路里料理来增进食欲吧！

芥末鸡肉凉菜沙拉

- 分量：4人份
- 烹饪时间：30分钟
- 难易度：初级

“在使鼻子发酸的芥末里加入酸酸甜甜、香气扑鼻的酱料。刺激味蕾的鸡肉凉菜和5种其他嫩叶蔬菜搭配，将花生、山核桃、松子等捣碎撒上，形成梦幻的组合——鸡肉凉菜沙拉。”

材料

- □ 鸡胸肉 1块（300g）
- □ 菜蔬 1把
- □ 花生碎 1大勺
- □ 松子 1大勺（可省略）
- □ 山核桃碎 2大勺（可省略）

| 芥末酱 |

- □ 芥末 1大勺
- □ 食醋 1大勺
- □ 柠檬汁 1小勺
- □ 水 2大勺
- □ 白糖 1大勺
- □ 低聚糖 1小勺

制作指南

1. 将鸡胸肉放入蒸锅蒸15分钟使其熟透。

   ※Tip※ 鸡胸肉在水中煮或蒸熟，方法的不同，肉质也会有所不同，或松软或较硬。在沙拉中放入蒸熟鸡肉搭配，口感更加松软。

2. 在蒸制鸡肉的过程中，将芥末酱调料放入小碗中混合均匀，放入冰箱中冷藏备用。

   ※Tip※ 增加酱料酸味的秘诀就在于在其中放入柠檬汁。

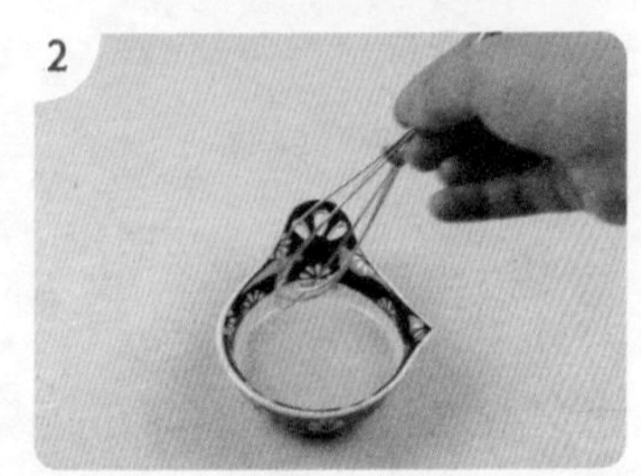

3. 将步骤1中煮熟的鸡胸肉放凉后切成0.5cm宽的条状放入盘子中，搭配蔬菜和酱汁，撒上花生碎、山核桃碎和松子，然后在旁边装点上苏子叶。

   ※Tip※ 如果想要品尝爽口的鸡肉，那就将煮好的鸡肉放凉后再放入冰箱冷藏室中放置5分钟。凉凉的鸡肉，味道也好，切起来也好切。

注意事项

菜蔬（Spring Mix）是将菠菜、红甜菜、苣菜、小白菜还有菊苣、芝麻菜、红生菜等各种蔬菜混合制作的食材。这些是即使不加处理也可以直接食用的沙拉用菜。如果没有菜蔬的话可以将红生菜、苏子叶和茼蒿处理一下使用。

盖有脆皮饼的美式鸡汤

- 分量：2人份
- 烹饪时间：50分钟
- 难易度：中级

"这道鸡汤料理是美国人常做的家庭浓汤中的一种。无论在凉爽的还是暖和的日子里喝上一碗都是非常不错的。酥脆的脆皮使口感更佳。"

材料

□ 鸡胸肉 1块（300g）	□ 食盐 1/4小勺（3捏）	I 白调味汁（粉糊）I
□ 月桂树叶 1张	□ 白胡椒粉 1/4小勺（3捏）	□ 黄油 2大勺
□ 胡椒子 10粒	□ 鸡汤 2杯（500ml）	□ 面粉 2大勺
□ 小洋葱 1个（切块）	□ 市场销售的冷冻油酥面皮 2张	□ 牛奶 2杯
□ 胡萝卜 1/2个（切块）	□ 鸡蛋 1个（蛋液）	
□ 冷冻豌豆 1/2杯		
□ 黄油 2大勺		

制作指南

1. 放入1张月桂树叶、10粒胡椒子将鸡胸肉煮15分钟，然后将其按纹理撕成条。

2. 在锅中放入2大勺黄油融化开，然后放入小洋葱、胡萝卜、豌豆和步骤1处理好的鸡胸肉丝翻炒，炒至洋葱变透明，加入食盐、白胡椒粉调味。

3. 在另外一口锅中放入2大勺黄油融化，然后放入2大勺面粉尽快搅拌使其不至于煳锅，然后放入牛奶制作成白调味汁（粉糊）。

Tip 制作白调味汁时最好使用厚底锅。先调为小火将锅烧热，然后放入黄油融化，将面粉和牛奶一点一点加入控制其浓稠度。

4. 将翻炒过的蔬菜和鸡胸肉放入白调味汁中熬制鸡汤。

5. 为使其不煳锅要在加热过程中不断用木铲或是搅拌器搅拌。

6. 将鸡肉和蔬菜奶油汤盛在烤箱容器中，将市场销售的冷冻油酥面皮剪切成比杯子大小要大的四角形，紧贴边缘不要让汤漏出。蛋液刷在油酥面皮上，将烤箱预热到200℃后放入烤箱烤5~7分钟，直至表皮酥脆即可。

3

5

6

满满都是马苏里拉奶酪的烤鸡玉米饼

分量：4人份

烹饪时间：30分钟

难易度：初级

"放入凉了的炸鸡，跟奶酪一起烤制，这是一道不到10分钟就可以做成的超简单菜品。熬夜醒来或周末饥饿的早上，试着简单做一下吧。"

材料

□ 鸡胸肉 1块（200g）	I 酸辣酱 I
□ 玉米粉圆饼 6张	□ 西红柿 1个
□ 切达干酪 1杯（150g）	□ 青辣椒 1个（剁碎）
□ 马苏里拉奶酪 1杯（150g）	□ 香菜 2根（剁碎）
□ 食盐 1/8小勺（2捏）	□ 酸橙 1/2个（榨汁）
□ 胡椒粉 1/8小勺（2捏）	□ 食盐 1/4小勺（3捏）
	□ 胡椒粉 1/4小勺（3捏）

制作指南

1. 鸡胸肉撒上食盐、胡椒粉后在烤盘上正反面充分烤制10分钟，切成小块。

2. 西红柿去子切成四方小块放入小碗中，同时将剁碎的香菜、青辣椒、酸橙和食盐、胡椒粉放入混合均匀，制作成酸辣酱。放入冰箱中保存。

Tip 将香菜的杆和叶一同剁碎。

3. 将玉米圆饼放在干平底锅中小火烤热。

4. 在平底锅中烤热的玉米圆饼上依次放入烤鸡、切达干酪、马苏里拉奶酪，热至奶酪融化，切成合适的大小盛入盘中。

Tip 玉米圆饼上放4大勺奶酪比较合适。

5. 奶酪熟得差不多时用夹子将其对半翻折，然后用刀切成合适的大小，撒上酸辣酱盛入盘中即可。

注意事项

繁忙的早上，在玉米圆饼上放上菠菜和马苏里拉奶酪融化来食用，既简单又美味。

充满苹果清香的墨西哥

旱芹苹果鸡丝玉米饼

- 分量：4人份
- 烹饪时间：30分钟
- 难易度：中级

"卷玉米圆饼来吃时，在肉和蔬菜中拌入熟透的红苹果、烤制的鸡胸肉丝和发涩的旱芹以及蛋黄酱做成旱芹苹果鸡丝玉米饼，爽口美味。"

材料

- □ 苹果 1个
- □ 柠檬汁 1小勺
- □ 旱芹 1根
- □ 蛋黄酱 3大勺
- □ 鸡胸肉 1块（300g）
- □ 料酒 1/2大勺
- □ 蒜泥 1小勺
- □ 食盐 1/4小勺（3捏）
- □ 胡椒粉 1/4小勺（3捏）
- □ 烧烤酱 4大勺
- □ 玉米粉圆饼 4张
- □ 生菜 4张
- □ 羊皮纸 4张（或是铝箔纸）

制作指南

1. 将苹果带皮切成半月形薄片，为使其不变色撒上柠檬汁。

Tip 对于容易变色的苹果、梨、卷心菜等，柠檬汁可以有效防止其变色。

2. 旱芹切成4cm长的段，放入苹果和蛋黄酱搅拌。
3. 鸡胸肉切成1cm宽的长条，在其中放入蒜泥、料酒、食盐、胡椒粉调味，然后在微波炉中烤2~3分钟。

Tip 熟鸡肉如果出水就将水倒掉，然后放入市场销售的烧烤酱混合均匀。

4. 玉米粉圆饼在干燥的平底锅中加热，上面依次放绿生菜、鸡胸肉、旱芹、苹果，放平后卷起即可。玉米粉圆饼只有用羊皮纸或是铝箔纸严严实实地包裹起来才不会松散。

Tip 一张玉米粉圆饼大约放入3块旱芹、6块苹果、1张绿生菜、4块鸡胸肉、这样上述食材可以制作4个卷饼。

1
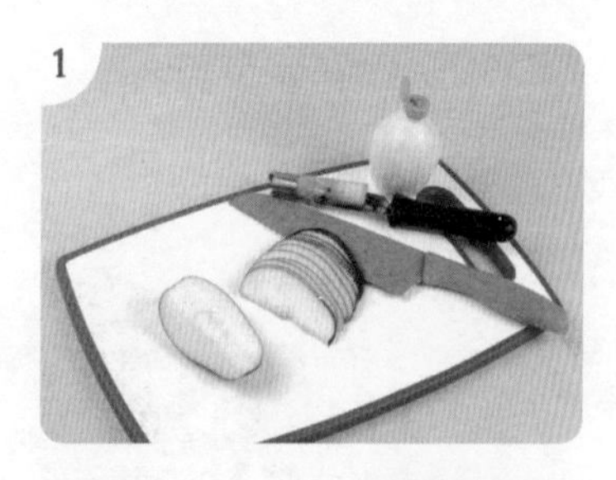

2
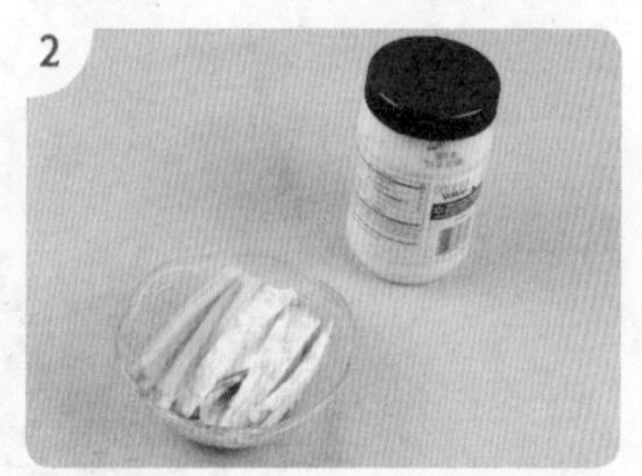

4

注意事项

凉拌卷心菜（Cole Slaw）虽然是卷心菜沙拉，但即使不是卷心菜，用其他所有种类的水果蔬菜都可以。将时令蔬菜切好，拌入蛋黄酱放在玉米粉圆饼上也不错。

富含维生素C的草莓汁鸡肉沙拉

分量：4人份

烹饪时间：30分钟

难易度：中级

“春天的时令水果草莓现在在大棚种植，四季均可品尝，虽然如此，还是在春天食用味道最佳。在灿烂的春季，放入有利健康的橄榄油来制作的草莓汁鸡肉沙拉，让我们全身都从冬眠中苏醒过来。”

材料

□ 鸡胸肉 2块（600g）	I 草莓汁 I
□ 牛奶 1/2杯（200ml）	□ 草莓 10个（或是草莓酱1/3杯）
□ 面粉 1杯	□ 香醋 2大勺
□ 食用油 2杯（500ml）	□ 橄榄油 1/2杯
□ 蔬菜汇 1袋	□ 白糖 2大勺
□ 食盐 1/2小勺	□ 胡椒粉 1/4小勺（3捏）
□ 胡椒粉 1/2小勺	□ 胡椒粉 1/8小勺（2捏）

制作指南

1. 将鸡胸肉切为2cm长的条，浸泡入牛奶中盖上盖子腌制15分钟。

   Tip 鸡胸肉浸泡在牛奶中肉质会变松软，对于去除肉腥味也有帮助。

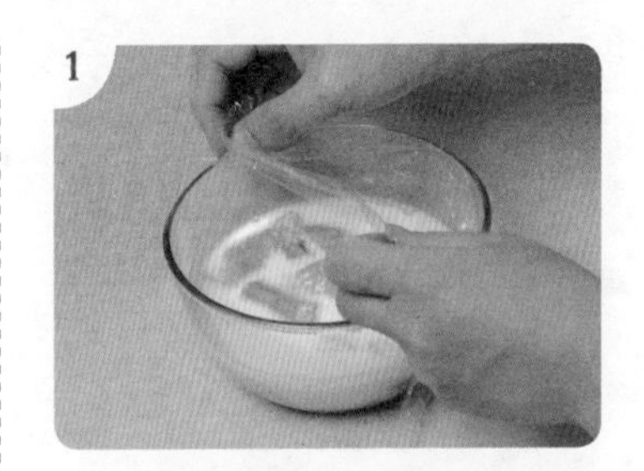

2. 将步骤1中浸泡鸡胸肉的牛奶倒掉，在鸡肉上撒上食盐、胡椒粉后，蘸取提前准备好的面粉。

3. 煎锅中放入2杯食用油，中火烧4分钟，锅热后将步骤2中的鸡胸肉炸至表面酥脆。

4. 在搅拌机中放入除橄榄油以外的所有调味汁食材，搅拌后慢慢放入橄榄油混合制作草莓调味汁。

5. 蔬菜汇用凉水冲洗沥干水分后，放上炸制酥脆的鸡肉，搭配珍珠小番茄、鲜草莓和草莓汁食用。

注意事项

蔬菜汇可以用生菜、苣菜或是菠菜叶代替，在沙拉中使用。还可以将沙拉放入冰箱中保存，食用前取出，非常爽口。

西红柿酸辣酱拌烤鸡

分量：4人份

烹饪时间：40分钟

难易度：初级

“被称为意大利面辣酱的酸辣酱是墨西哥饮食中不可或缺的一部分。作为只用食盐、胡椒粉和酸橙提味的清淡墨西哥加餐，无论哪一种食物与其搭配食用都非常合适。”

材料

- □ 鸡胸肉 2块（600块）
- □ 橄榄油 2大勺
- □ 蒜泥 2大勺
- □ 食盐 1小勺
- □ 胡椒粉 1小勺

| 酸辣酱 |

- □ 紫色洋葱 1/4个（可用洋葱代替）
- □ 西红柿 2个
- □ 香菜碎 2大勺
- □ 酸橙 1/4个
- □ 青阳辣椒 1/2个（切成小块）
- □ 食盐 1/8小勺（2捏）
- □ 胡椒粉 1/8小勺（2捏）
- □ 大葱 1段

制作指南

1. 洋葱切好，大葱切成葱花，香菜杆和叶一同剁碎。西红柿4等分去种后切碎。
2. 鸡胸肉中放入橄榄油、蒜泥、食盐、胡椒粉，用手拌匀，腌制10分钟。
3. 小碗中放入提前切好的洋葱、西红柿、香菜碎、辣椒、酸橙汁、食盐和胡椒粉搅拌均匀制作成酸辣酱。
4. 烤盘预热后将提前入味的鸡胸肉正反两面充分烤制12分钟以上。
5. 烤好的鸡胸肉斜切成厚厚的片放入盘中，放上提前制作好的酸辣酱即可完成。

2

3

5

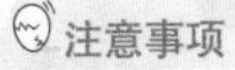

注意事项

酸辣酱（pico de gallo）是用西红柿、洋葱、香菜、辣椒制作的酱汁。将所有的食材切好混合，用胡椒粉和食盐调味后撒上酸橙汁即可。在卷饼、墨西哥烤肉、墨西哥玉米煎饼、玉米粉圆饼等卷起来食用的所有墨西哥食物中都可以使用。简单地放在烤干酪辣味玉米片或是面包上食用也不错。

说来说去早餐还是菠菜鸡肉煎蛋卷

分量：2人份

烹饪时间：15分钟

难易度：初级

“走到美国的自助餐厅，无论去哪，在煎蛋卷区域经常会看到菠菜煎蛋卷。超快速2分钟内就可以呈现在眼前的菠菜煎蛋卷，是用新鲜的鸡蛋和菠菜制作而成，口感温热柔软，非常美味。煎蛋卷还从没有人做失败过，作为在家享用的自制美食也不错。”

材料

- □ 鸡胸肉 1/2块（100g）
- □ 菠菜 15根
- □ 双孢菇 2个（切片）
- □ 西红柿 1/4个（切小块）
- □ 罐头黑橄榄 10个（切片）
- □ 黄油 2大勺
- □ 鸡蛋 2个

| 提前入味 |

- □ 食盐 1/4小勺
- □ 胡椒粉 1/4小勺

制作指南

1. 将准备的蔬菜和各种食材进行合适的处理。
2. 在鸡胸肉上撒食盐、胡椒粉提前入味，然后放在烤盘上烤制10分钟后切薄片备用。

   Tip 如果没有烤盘，也可以用普通平底锅涂上食用油烤制。

3. 在中火烧热的锅中涂上黄油，将除鸡蛋以外所有的煎蛋卷食材（包括鸡胸肉片）放入，轻轻翻炒，将菠菜炒熟。
4. 将鸡蛋打碎倒入步骤3的锅中。

   Tip 使用打碎的蛋液时，一人份蛋液的分量大约是120ml。

5. 待鸡蛋上面部分熟了，用锅铲转动蛋饼使其不致粘锅底。
6. 将煎蛋饼翻一下再煎1分钟，盛入盘中，将其对折一下形成半月模样就完成了。可搭配水果沙拉食用。

3

4

5

注意事项

如果担心鸡蛋蛋黄胆固醇高的话，只用蛋白来做蛋卷味道也非常不错。蛋卷用大火快速煎熟，鸡蛋才会柔软美味。

用饺子皮做的鸡肉水果杯

分量：12个/6人份

烹饪时间：30分钟

难易度：初级

"用咖喱粉稍微调味制作的鸡肉水果杯非常适合当下酒菜。"

材料

- □ 饺子皮 12张
- □ 橄榄油 2大勺
- □ 鸡胸肉 1块（200g）
- □ 小桃子 1个
- □ 青葡萄 10粒（可用红葡萄代替）
- □ 咖喱粉 1/2小勺
- □ 奶油干酪 1杯（12大勺）
- □ 食盐 1/8小勺（2捏）

制作指南

1. 蛋糕盘中一张一张铺上饺子皮，用刷子刷上橄榄油，将烤炉预热到200℃烤7分钟，烤至表面酥脆。
2. 将鸡胸肉煮熟后切成小块，桃子将桃核去除后切成小块，青葡萄切半。
3. 将步骤2中的食材放入咖喱粉拌匀。
4. 在提前烤好的饺子皮上每一个上面放入1大勺奶油干酪。
5. 将步骤3中的水果食材放入水饺皮杯中后即可完成。

1

2

5

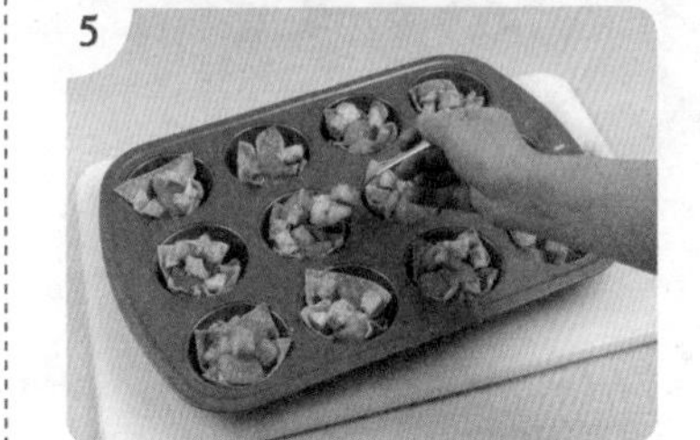

注意事项

咖喱粉辣辣的味道跟水果非常搭配。咖喱粉放多了味道就不好了。如果不喜欢咖喱粉，也可以在1/2杯蛋黄酱中放入1/2小勺咖喱粉、2大勺切碎的旱芹制作酱汁后与水果混合使用。

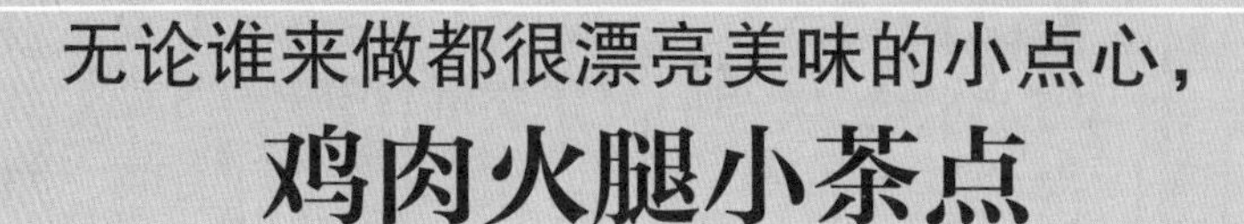

无论谁来做都很漂亮美味的小点心，

鸡肉火腿小茶点

- 分量：15人份
- 烹饪时间：20分钟
- 难易度：初级

“小点心是将面包切成一口大小，放上各种食材做成的手指食品中的一种。用手一个一个拿着吃既有趣，制作过程又简单，如果用饼干来代替面包的话，在很短的时间内就可以做成了。”

材料

- ☐ 三明治用鸡胸肉火腿 8张
- ☐ 三明治用奶酪 8张
- ☐ 黄瓜 1/2个
- ☐ 珍珠小番茄 8个
- ☐ 鸡蛋 4个
- ☐ 奶油干酪 1桶（需要的量）
- ☐ 饼干 15个
- ☐ 韭菜 5根
- ☐ 牙签 6个

制作指南

1. 将鸡蛋完全煮熟。
2. 四角的鸡肉火腿和奶酪都根据饼干的模样切成圆形，黄瓜和鸡蛋切厚片。珍珠小番茄4等分。

   Tip 使用四方形饼干时，也根据饼干的形状将火腿和奶酪4等分为四方形。

3. 每个饼干上放上1大勺奶油干酪。

   Tip 不用认真涂开。

4. 涂有奶油干酪的饼干上依次放上黄瓜、火腿、奶酪、鸡蛋，并用韭菜和珍珠小番茄装饰，用牙签固定后完成。

2

3

4

一口一个鞑靼沙司鸡胗串

分量：4人份

烹饪时间：30分钟

难易度：中级

“鞑靼沙司虽然一般用于海鲜料理中，但是与煎炸鸡胗料理味道也很搭配，之前翻炒食用的鸡胗现在让我们来炸着食用。作为零食非常美味，也可以作为温锅时候的手指食物。”

材料

□ 鸡胗 25个	□ 柠檬块 3块	l 鞑靼沙司 l
□ 食盐 1小勺		□ 蛋黄酱 1杯
□ 面粉 2杯	l 提前入味 l	□ 切碎腌甜黄瓜 4大勺
□ 切碎荷兰芹 2大勺	□ 蒜泥 2大勺	□ 柠檬汁 2大勺
□ 鸡蛋 3个	□ 料酒 2大勺	
□ 面包粉 2杯	□ 食盐 1/2小勺	
□ 食用油 2杯	□ 胡椒粉 1/2小勺	

制作指南

1. 鸡胗撒上食盐搓一搓，然后用水冲洗，沥干水分后用刀切成2等分，然后放入蒜、料酒、食盐、胡椒粉提前入味。

2. 鞑靼沙司用蛋黄酱、切碎的腌制甜黄瓜、柠檬汁混合制作好后放入冰箱保存。

   Tip 也可以使用市场上销售的鞑靼沙司。

3. 面包粉中放入切碎的荷兰芹拌匀，鸡蛋用打蛋器打散，准备适量面包粉备用。

4. 鸡胗依次蘸取面粉、蛋液、面包粉作为煎炸外衣，然后整齐地放在砧板上。

5. 在煎锅中倒入食用油，中火烧5分钟后，将蘸取煎炸外衣的鸡胗5个5个地放入锅中，煎炸10分钟左右，直至表皮酥脆内里熟透。

6. 炸好的鸡胗搭配鞑靼沙司和柠檬块，用木签扎取食用。

咬一口就会使嘴巴快乐起来的**鸡肉鸡蛋卷**

分量：15份

烹饪时间：30分钟

难易度：中级

"虽然样子和里面的食材跟韩国的煎饺不同，但是制作过程与我们上学时期吃的酥脆煎饺是相似的。既可以放入自己喜欢的食材，也可以做很多放入冷冻室里，等有聚会的时候拿出来煎炸，搭配红生菜、绿生菜食用，真是独一无二的享受。"

材料

□ 鸡胸肉 1块（300g）	□ 胡椒粉 1小勺	I 鱼酱 I
□ 卷心菜 1/4个	□ 食用油 1大勺	□ 鱼酱 2大勺
□ 胡萝卜 1个	□ 蛋卷皮 15张	□ 米酒 4大勺
□ 蒜泥 1大勺	□ 煎炸用油 2杯	□ 糖稀 1大勺
□ 料酒 2大勺		□ 水 2大勺
□ 食盐 1小勺		

制作指南

1. 将卷心菜和胡萝卜切丝，鸡胸肉剁碎，放入料酒、蒜泥、食盐、胡椒粉提前入味。

2. 中火将锅烧热后放入1大勺食用油，将提前入味的鸡肉放入锅中充分翻炒5~7分钟，待鸡肉炒熟后，放入胡萝卜和卷心菜，大火翻炒3~4分钟直至卷心菜变透明。

   Tip 生吃也可以的蔬菜不要翻炒很久。

3. 将蛋卷皮尾部蘸水，然后将步骤2中翻炒的食材3大勺左右的量放在中间部分，抓住两头向里折2cm左右卷成圆形后稍微蘸水封住口。

   Tip 将蛋卷卷结实一些非常重要。

4. 在扁平的煎锅中倒入食用油，中火烧3分钟，烧热待油温达到180℃时，放入2~3个蛋卷，用筷子翻一下煎炸2~3分钟即可。

   Tip 由于蛋卷内部食材都已经熟了，只要将表皮炸至酥脆即可。

5. 制作鱼酱搭配食用。

   Tip 为了看起来美观也可放上胡萝卜丝。

2

3

4

注意事项

将生菜、薄荷跟蛋卷一起漂亮地盛在盘子中，用蔬菜包着吃非常美味。即使没有鱼酱，用花生酱搭配食用也不错。

在繁忙的早上迅速果腹的超简单鸡丝粥

分量：4人份

烹饪时间：20分钟

难易度：初级

"只要将蔬菜切碎备用即可简单做出鸡丝粥。也可以使用冰箱中剩的蔬菜，即使没有小菜，一碗鸡丝粥就不必担心早饭问题了。"

材料

- □ 鸡胸肉 1块（300g）
- □ 料酒 1大勺
- □ 南瓜 1/2个
- □ 胡萝卜 1/2个
- □ 洋葱 1/2个
- □ 旱芹 1棵
- □ 米饭 2碗
- □ 鸡汤 3杯（750ml）
- □ 胡椒粉 1/4小勺（3捏）

制作指南

1. 将鸡胸肉用胡椒粉和料酒调味后放入烤箱容器中，烤制4分钟将鸡肉烤熟，按纹理将鸡肉撕成丝，蔬菜切丁。

   Tip 使用微波炉用碗比较安全。如果前一天提前将鸡肉煮好可以缩短烹饪时间。

2. 煮锅中放入米饭和2杯鸡汤，煮7分钟左右直至沸腾。

   Tip 如果用饭锅里的热米饭或是剩下的凉米饭会比较方便。

3. 最后在步骤2中放入切好的蔬菜和1杯鸡汤，蔬菜熟后最后放入撕好的鸡丝，再继续煮2~3分钟至鸡肉温热即可。

   Tip 为了使其不粘锅要经常用勺子搅拌。

注意事项

放上切碎的葱花、1/4小勺（约3捏）芝麻盐和1小勺碎的干紫菜，再滴上几滴香油作为装饰，不仅看起来漂亮，味道也更加美味。鸡丝粥中食盐和胡椒粉可根据个人口味添加，食盐瓶和胡椒粉瓶要提前准备好。

具有治愈力量的鸡丝面汤

- 分量：4人份
- 烹饪时间：30分钟
- 难易度：中级

"身体不舒服时常让人想起记忆中的食物，比如小时候妈妈做的鸡丝面汤。爽口的面汤中放上满满的葱花，喝上一碗，一下就变得有力气了。这道料理中的面条换成了意大利面，别有一番风味。总之，吃自己喜欢的食物就是补药。"

材料

- □ 鸡胸肉 1块（300g）
- □ 胡萝卜 1/2个
- □ 小洋葱 1个
- □ 旱芹 2根
- □ 橄榄油 1大勺
- □ 干丝带意大利面 1杯
- □ 鸡汤 3杯（750ml）
- □ 月桂树叶 1张
- □ 食盐 1/2小勺
- □ 胡椒粉 1/4小勺

制作指南

1. 将鸡胸肉放入水中煮15分钟。煮熟后撕成鸡丝。蔬菜切丁。

2. 中火将锅烧热倒入橄榄油，放入胡萝卜、小洋葱、旱芹翻炒至洋葱变透明。

3. 在步骤2中的蔬菜里放入干丝带意大利面、月桂树叶、食盐、胡椒粉和鸡汤煮7~10分钟直至意大利面熟软。

   Tip 如果使用少于一杯量的干意大利面，也可以直接放入汤中煮。

4. 最后放入鸡肉再煮2~3分钟完成。

2

3

4

注意事项

水量减少的话可以补充鸡汤或是水（每次1/2杯）来调节汤量。

Part 5

招待客人的料理

OMANIA & BULGAR
COOKING OF
AND LITHUANIA
LEBANON JORDA
SIA & POLAND
GERMANY

颜色多彩味道酸酸甜甜口感筋道的**鸡胗小面**

分量：2人份

烹饪时间：40分钟

难易度：初级

“今天我们不做海螺小面，让我们试着做一下口感美味、制作便捷的鸡胗小面吧。海螺和鸡胗劲道的口感各具特色。”

材料

- □ 小面 200g（2人分量）
- □ 食用油 1大勺
- □ 胡椒粉 1小勺
- □ 鸡胗 20个
- □ 蔬菜汇 1袋
- □ 茼蒿 2根

| 糖醋辣椒酱 |

- □ 辣椒酱 1/4杯
- □ 白糖 2大勺
- □ 食醋 2大勺
- □ 柠檬汁 1大勺
- □ 糖稀 1/2大勺

制作指南

1. 煮熟小面后用凉水冲洗，然后沥干水分。
2. 煎锅中倒入食用油，放入鸡胗和胡椒粉翻炒至鸡胗熟透。
3. 炒过的鸡胗待凉后，切成薄片。将糖醋辣椒酱的食材混合搅匀制成糖醋辣椒酱。
4. 在蔬菜汇中放入切好的鸡胗和2~3大勺糖醋辣椒酱用筷子拌好，搭配煮好的小面盛入盘中，放上茼蒿即可上桌，可将蔬菜和小面拌着来食用。

2

3

4

注意事项

煮面时，将面放入烧开的水中，待水再次翻滚，放入1杯凉水，再煮1~2分钟，待面变透明捞出后迅速用凉水冲洗2~3次直至水清，这样小面的口感更加劲道。煮少量小面时，面煮熟后也可以放入冰水中冲洗，口感劲道，味道也不错。

为辣味狂热者所准备的芝士辣味鸡

分量：4人份

烹饪时间：25分钟

难易度：中级

"辣味鸡可以说一直是人气很高的菜品。人们脑海中还保留有一去韩国就要最先去吃辣味鸡的回忆。如果太辣的话，记得跟芝士一起食用，辣味可以很快消除。"

材料

- □ 鸡腿内侧肉 2块（600g）
- □ 香油 1小勺
- □ 小洋葱 1个（切丝）
- □ 橄榄油 2大勺
- □ 马苏里拉奶酪 1/2杯
- □ 香菜 1小把

|辣调料|

- □ 青阳辣椒粉 1大勺
- □ 辣椒酱 4大勺
- □ 洋葱汁 4大勺
- □ 罐头菠萝 1块（或是奇异果 1/2个）
- □ 料酒 2大勺
- □ 蒜泥 2大勺
- □ 白糖 2大勺
- □ 糖稀 1大勺
- □ 酱油 1大勺
- □ 胡椒粉 1/4小勺（3捏）
- □ 食盐 1/4小勺（3捏）

制作指南

1. 将所有辣调料的食材都放入搅拌机搅拌后混合制成调料酱。将鸡腿内侧肉抹上辣酱提前入味。

   Tip 如果前一天将鸡腿内侧肉腌好发酵一晚，肉质会变得松软，调料也会更加入味。

2

2. 将橄榄油倒入煎锅中，放入步骤1中的鸡腿内侧肉翻炒，炒熟后滴入一点香油提香。

3

3. 在盘子里或是烤盘中铺上切薄的洋葱，将1大勺食用油洒在洋葱上，然后放上步骤2中翻炒的鸡肉。

4

4. 在辣味鸡上面铺满马苏里拉奶酪盖上盖，中火加热直至奶酪融化，然后撒上香菜末即可。

注意事项

辣酱中再放入菠萝、奇异果或是苹果会更加美味。

夜宵之王——哈瓦那芒果辣鸡爪

分量：4人份

烹饪时间：40分钟

难易度：中级

“除了鬼椒以外，世界第二辣的辣椒就数哈瓦那辣椒了。辣味和甜甜的芒果相遇，形成新口味的调和。辣出眼泪的辣味里蕴含着芒果甜甜的味道，作为夜宵再好不过了。”

材料

- □ 鸡爪 25个
- □ 橄榄油 2大勺
- □ 水 2大勺
- □ 食盐 2大勺

| 芒果哈瓦那酱汁 |

- □ 辣椒粉 1/2杯
- □ 辣椒酱 1/4杯
- □ 酱油 2大勺
- □ 白糖 4大勺
- □ 糖稀 2大勺
- □ 胡椒粉 1小勺
- □ 洋葱 1/4个
- □ 大蒜 6瓣（或是蒜泥2大勺）
- □ 芒果 1个
- □ 哈瓦那辣椒 1个（或是辣椒素酱 1小勺）

制作指南

1. 将芒果哈瓦那酱汁食材放入搅拌机中搅拌制作成酱汁。

2. 鸡爪去除指甲，撒上盐，将鸡爪掌面的脏东西揉搓洗掉。

   Tip 用剪子去除鸡爪的指甲。

3. 鸡爪放入蒸锅蒸45分钟后放入大容量碗中，为了不使鸡爪粘连在一起尽快放入橄榄油拌匀。

4. 煮锅中放入2大勺水、鸡爪和芒果哈瓦那调料酱，酱料与鸡爪充分混合使其入味，然后盖上锅盖中火加热3分钟即可。

1

2

3

注意事项

鸡爪中富含胶原蛋白，与水煮相比，用蒸锅蒸更能保留其胶原蛋白。

一起品尝一下吧，菲律宾鸡肉炒面

- 分量：2人份
- 烹饪时间：30分钟
- 难易度：中级

"菲律宾的鸡肉炒面是如同韩国的杂菜一样有名的料理。一经品尝就会再次想念，从而让人忘记米饭为何物的面食料理。如果喜欢吃面的话一定要试着做一下。"

材料

□ 鸡胸肉 1块（300g）	□ 酱油 1大勺
□ 菲律宾炒面面条 2袋	□ 白糖 1/2小勺
□ 卷心菜 5片	□ 胡椒粉 1/2小勺
□ 胡萝卜 1/2个	□ 料酒1大勺
□ 油菜 4颗	□ 水 4大勺
□ 绿豆芽 1把（100g）	□ 食用油 2大勺
□ 蜂蜜酱汁 4大勺	

制作指南

1. 中火烧热煎锅，倒入2大勺食用油，放入鸡胸肉、料酒翻炒。

2. 在步骤1中放入菲律宾炒面面条、切成1.5cm大小的卷心菜、切丝的胡萝卜、油菜和水翻炒，把面条炒开。

3. 在步骤2的面条中放入酱油、蜂蜜酱汁、白糖和胡椒粉，快速翻炒使之入味。

4. 放入绿豆芽翻炒2分钟出锅。

1

2

3

注意事项

除了油菜以外其他蔬菜生吃也可以，所以稍微翻炒与面一起食用即可。根据喜好的不同，如果喜欢食用熟蔬菜的话，可以在步骤2中将所有的蔬菜放入，炒熟后放入炒面面条烹饪。

有神秘酱汁味道的泰国鸡肉炒粉

分量：2人份

烹饪时间：30分钟

难易度：中级

"在泰式餐厅可以尝到的炒粉，让我们在家中也享受这美味吧。搭配生绿豆芽食用味道更佳。"

材料

□ 鸡胸肉 1/2块（150g）	□ 香菜 4根	I 炒粉酱汁 I
□ 蒜泥 1大勺	□ 蜂蜜酱汁 2大勺	□ 柿饼 2个
□ 料酒 1大勺	□ 葱 2段	□ 水 1/2杯
□ 鸡蛋 1个	□ 食用油 2大勺	□ 红糖 4大勺
□ 胡萝卜 1/4个	□ 炒粉粉条 1碗	□ 鱼酱 4大勺
□ 绿豆芽 1把（50g）		

制作指南

1. 炒粉用的粉条在凉水中泡15分钟，去除柿饼的蒂和种，在水中泡10分钟后切好。

2. 在小锅中放入柿饼、水、红糖和鱼酱煮至柿子软烂。

   Tip 如果想食用口感更加柔软的酱，可以将煮后的食材放入搅拌机中搅拌。

3. 锅中倒入食用油，放入鸡胸肉、蒜泥和料酒翻炒。

4. 鸡肉推到锅一边，在另外一边倒上食用油放入打好的鸡蛋翻炒。

5. 在炒好的鸡胸肉和鸡蛋中放入炒粉粉条、葱、水等继续翻炒，然后放入1/4杯炒粉酱汁。

6. 尽快混合翻炒使粉条不致膨胀粘连，炒后盛入碗中，放上绿豆芽、胡萝卜丝和香菜即可。

3

4

5

注意事项

泰国鸡肉炒粉中使用的材料叫作罗望子的水果会被做成糊状使用。用柿饼代替罗望子，甜甜的，与泰国炒粉的味道相似。还可以放上生绿豆芽，搭配花生碎食用。

探寻摩洛哥小锅料理，**辣椒酱咖喱炖鸡**

分量：4人份

烹饪时间：90分钟

难易度：中级

“摩洛哥料理中经常使用香味很浓的香辛料。韩国的辣炖鸡中放入咖喱粉，就成了香味更加浓郁的摩洛哥式慢食了。”

材料

□ 小鸡 1只（800g）	□ 粉条 10g（可以省略）	□ 咖喱粉 1小勺	□ 梨 1/4个
□ 土豆 1个	□ 干辣椒 2颗	□ 酱油 2大勺	□ 洋葱 1/4个
□ 卷心菜叶 2片		□ 白糖 2大勺	□ 蒜 6瓣（或是蒜泥2大勺）
□ 苏子叶 8片	I 辣椒酱调料 I	□ 糖稀 1大勺	□ 胡椒粉 1/2大勺
□ 苏子叶 8片	□ 辣椒酱 1/2杯	□ 料酒 2大勺	
□ 小葱 2颗	□ 辣椒粉 2大勺	□ 苹果 1/4个	

制作指南

1. 将小鸡整只放入沸水中煮4分钟捞出留汤备用。将土豆切成圆块，小洋葱切丝。卷心菜和小葱切丝，粉条在凉水中泡15分钟。干辣椒斜切，苏子叶切丝。

2. 将除咖喱粉以外所有的辣椒酱调料放入搅拌机中搅拌，然后将1/2杯的调料放入小碗中混入咖喱粉即可。

3. 在烧热的汤锅中放入除粉条和苏子叶以外的食材和鸡肉汤、辣椒酱调料。

4. 将步骤1中的鸡肉放入预热到200℃的烤炉中烤制1小时，烤熟后取出放入汤锅，放入步骤1中泡胀的粉条继续炖煮，放上干辣椒和苏子叶作为装饰即可。

2

3

4

召唤爽口啤酒的香辣鸡翅

分量：4人份

烹饪时间：30分钟

难易度：初级

“拌有香辣酱汁的美味鸡翅，少油炸制而成，表面酥脆，内里劲道，咬上一口就再也忘不了那种味道了。既可以作为大人的下酒菜，也可以作为小孩的周末零食。”

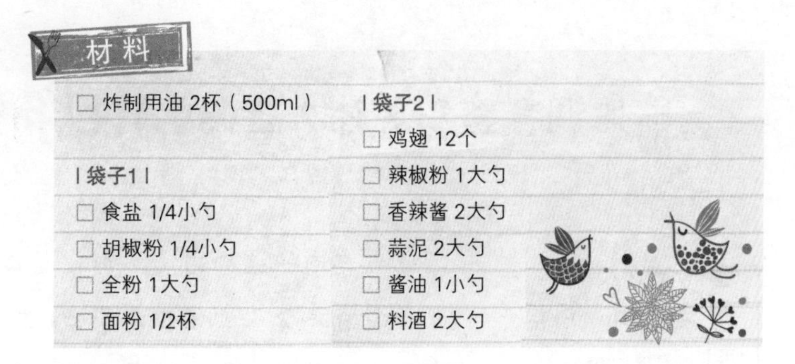

材料

□ 炸制用油 2杯（500ml）

| 袋子1 |

□ 食盐 1/4小勺

□ 胡椒粉 1/4小勺

□ 全粉 1大勺

□ 面粉 1/2杯

| 袋子2 |

□ 鸡翅 12个

□ 辣椒粉 1大勺

□ 香辣酱 2大勺

□ 蒜泥 2大勺

□ 酱油 1小勺

□ 料酒 2大勺

制作指南

1. 鸡翅用水清洗干净盛在笊篱中，用干厨房布去除水分。

2. 将袋子1中的面粉、全粉、胡椒粉、食盐放入塑料袋或是保鲜袋中制作炸制外衣。

3. 将袋子2中的食材全部放入新的保鲜袋（袋子2）中，封住袋口，两手晃动保鲜袋使鸡翅蘸取调料。

4. 将提前做好的袋子1中的面粉放入袋子2中并拌匀，使鸡翅均匀蘸取炸制外衣。为使鸡翅能够很好蘸取面粉和调料要用两手揉搓保鲜袋。

5. 炸锅中放入食用油预热至180℃。鸡翅第一次炸制5分钟后捞出。待油还温热时，再次放入鸡翅炸7分钟，鸡翅的表面就会酥脆并呈现褐色。搭配甜辣酱或是辣椒油和旱芹食用鸡翅会更加美味。

Tip 如果180℃温度不好测量，中火将油烧5分钟就是适合煎炸的温度了。

2

3

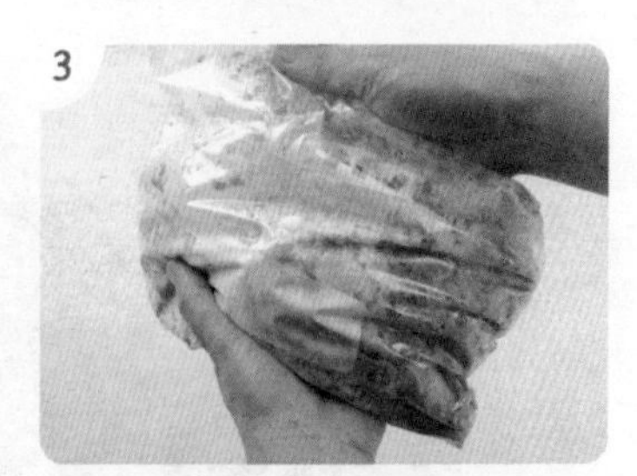

5

注意事项

用炸鸡翅的调料和面糊，即使不炸鸡翅，也可以炸制喜欢的鸡肉其他部位。

辣椒粉可以选用家中就有的粗辣椒粉或细辣椒粉。

比调料整鸡更让人上瘾的**辣炸鸡丁**

- 分量：4人份
- 烹饪时间：40分钟
- 难易度：中级

"想吃鸡肉料理的时候，那就准备好鸡胸肉，试着做一下没有鸡骨头的辣炸鸡丁吧。在家中用健康食材制作，吃起来放心，更过瘾。"

材料

□ 鸡胸肉 2块（600g）	□ 全粉 4大勺	**I 辣炸鸡丁酱汁调料 I**	□ 蒜泥 4大勺
□ 花生碎 1/4杯（4大勺）	□ 鸡蛋 2个	□ 辣椒酱 1/2杯	□ 花生碎 1/4杯（4大勺）
□ 炸制用油 2杯（500ml）	□ 牛奶 1/2杯	□ 辣椒粉 2大勺	□ 食盐 1/8小勺（1捏）
	□ 料酒 2大勺	□ 番茄酱 1/4杯	
I 面糊 I	□ 食盐 1/2大勺	□ 糖稀 4大勺	
□ 面粉 1杯	□ 胡椒粉 1/2大勺	□ 酱油 1大勺	

制作指南

1. 将鸡胸肉切成一口大小或是1.5cm的鸡丁。将面糊食材混合制作成面糊，放入鸡丁搅拌提前入味。

2. 小锅中放入酱汁调料食材，中火烧开，烧开后转为小火，放入花生碎制作辣炸鸡丁酱汁调料。

3. 将步骤1中的鸡肉在烧至180℃的油中煎炸4分钟左右捞出，然后再次放入进行第二次炸制，炸至酥脆。

Tip 小锅中倒油煎炸的话，既不必使用很多油，鸡肉也可以快速炸好。

4. 炸过的鸡肉中一次放入2~3大勺辣炸鸡丁调料拌匀，然后将花生碎作为装饰撒在上面。

Tip 将花生放入保鲜袋中用烧烤杆或是比较重的碗底将其压成花生碎，做起来非常简单。如果喜欢花生碎也可以多放些。

注意事项

不一定非得用鸡胸肉，也可以将处理过的整鸡炸制后做成调料鸡也非常美味。当炸制带骨鸡肉时，要炸制15分钟以上，炸制两次，这样骨头里面也能熟透，食用起来更安全。

使咔嚓咔嚓蔬菜复活的**鸡胸肉炒蔬菜**

分量：4人份

烹饪时间：30分钟

难易度：中级

“仅挑选自己喜欢的蔬菜跟鸡肉一起翻炒．既摄取了蛋白质，又因为将各种蔬菜盛入一个盘中而一下均匀摄取了各种营养成分．试着满满地放入自己喜欢的蔬菜吧．”

材料

- □ 鸡胸肉 1块（300g）
- □ 白菜叶 4片
- □ 芦笋 8个
- □ 西蓝花 1/2朵
- □ 生香菇 6个
- □ 胡萝卜 1/2个
- □ 绿豆芽 2把（100g）
- □ 食用油 2大勺
- □ 酱油 1大勺
- □ 料酒 1大勺
- □ 水 1/2杯（50ml）
- □ 白糖 1小勺
- □ 蜜汁 1/4杯
- □ 辣椒片 1大勺（或是带种捣碎的红干辣椒）
- □ 胡椒粉 1小勺

制作指南

1. 将鸡胸肉切成1cm的片，白菜和芦笋切成4cm的长度。香菇2等分，胡萝卜切成薄片。西蓝花切成小朵，处理成一口大小，绿豆芽用水冲洗两遍，用笊篱沥干水分。

2

2. 煎锅中倒入1大勺食用油，然后放入鸡胸肉和酱油、料酒翻炒2~3分钟，表面炒熟即可。

3

3. 在步骤2中倒入1/2杯水，盖上锅盖，最后煮4分钟，将鸡肉煮熟。

Tip 使肉质口感柔软的秘诀就是盖上锅盖。

4. 将提前处理好的蔬菜和蜜汁、白糖、胡椒粉放入锅中翻炒3分钟直至绿豆芽变透明，然后关火盛入碗中，最后放入辣椒片即可。

Tip 味道不足可以再放蜜汁，不要放食盐。

5

注意事项

蔬菜也可以生吃，如果烹饪时间过长不仅使其失去了脆脆的口感，而且营养成分也丢失了。蔬菜稍微翻炒一下盛入盘中，以剩余热量热熟蔬菜，只有这样食用才可以既不失口感又能品尝到其原本的清淡味道。

圆鼓鼓的橙子肉丰富的**橙子鸡**

- 分量：15块
- 烹饪时间：30分钟
- 难易度：中级

“在美国最有名的中国快餐中，最符合美国人口味的料理就要数橙子鸡了。虽然与韩国的糖醋里脊很相似，但这道菜有着橙子甜甜的香味。作为周末料理推荐给大家。”

材料

- 鸡胸肉 2块（600g）
- 食用油 2杯（500ml）
- 橙子果肉 1个
- 橙皮 1个的分量

| 提前入味调料 |
- 蒜泥 1大勺
- 生姜泥 1小勺
- 料酒 1大勺
- 食盐 1/2小勺
- 胡椒粉 1/2小勺

| 橙子酱汁 |
- 橙汁 $1\frac{1}{2}$杯（300ml）
- 米醋 1/2杯
- 番茄酱 2大勺
- 白糖 2大勺
- 糖稀 2大勺
- 酱油 1小勺
- 红辣椒片 1/2大勺（或是捣碎的干辣椒种）

| 煎炸面糊 |
- 面粉 1杯
- 水 1/2杯
- 烘焙粉 1大勺
- 鸡蛋 1个
- 淀粉 1大勺
- 食用油1小勺

| 淀粉水 |
- 淀粉 1大勺
- 水 1大勺

制作指南

1. 在小锅中放入橙汁、米醋、番茄酱、白糖、糖稀和酱油，中火烧开，然后转为小火，放入红辣椒片和淀粉水调成稍稠的浓度制作成橙子酱汁。

2. 将面粉、水、烘焙粉、鸡蛋、淀粉和食用油混合制作成煎炸面糊。

3. 鸡胸肉切成方便食用、大小1.5cm的鸡丁，放入蒜泥、生姜泥、料酒、食盐和胡椒粉搅拌提前入味。放入提前做好的步骤2中的煎炸面糊，均匀地蘸取煎炸外衣。

4. 将蘸取煎炸外衣的鸡胸肉放入预热到180℃的油中炸制5分钟。

   Tip 煎炸用油中火烧5分钟，提前预热到180℃。

   Tip 用有些深度的小锅煎炸既可以少用油，炸后处理油也方便。

5. 将橙子酱汁倒入盛有炸鸡的小碗中拌匀，然后放上橙皮和橙子果肉即可。

3

4

5

注意事项

在煎炸用油中放入一捏花盐。如果没有声音的话油温还没有升上来，如果有油炸声音的话说明油温升上来了。炸制鸡胸肉时每次少量放入4~5块煎炸，使用煎炸专用木筷比较安全。

重拾回忆的香港风格！柠檬鸡

- 分量：2人份
- 烹饪时间：30分钟
- 难易度：中级

"小时候在加拿大时，一位认识的中国厨师做的柠檬鸡，它的味道即使现在也让人难以忘怀。为找回当时的记忆试着在家里做了一下这道菜。"

材料

- □ 鸡胸肉 2块（400g）
- □ 料酒 1大勺
- □ 生姜泥 1小勺
- □ 食盐 1/4小勺（3捏）
- □ 胡椒粉 1/4小勺（3捏）
- □ 面粉 3大勺
- □ 食用油 1杯
- □ 柠檬 1/2个（装饰用）

| 柠檬酱汁 |

- □ 柠檬 2个（或是柠檬汁1杯）
- □ 白糖 1/4杯
- □ 糖稀 1大勺
- □ 全粉 1大勺
- □ 水 1大勺
- □ 鸡汤 1/2杯（可用水代替）

制作指南

1. 将鸡胸肉横放，像片生鱼片一样将其厚厚地切成4等份。

   Tip 片鸡胸肉的方法参考Part1。

2. 在片好的鸡胸肉里放入生姜泥、料酒、食盐和胡椒粉提前入味。

   Tip 如果没有生姜泥也可以使用生姜粉。

3. 将入味好的鸡肉蘸取面粉，放入预热至180℃的食用油中充分炸制5~7分钟，直至表皮酥脆。

4. 将柠檬酱汁材料放入锅中烧开后转为小火，全粉化开，小火搅动，调到适合的浓度即可。将酱汁倒在炸好的鸡肉上，用柠檬做装饰。

   Tip 全粉和水按1:1的比例混合搭配。

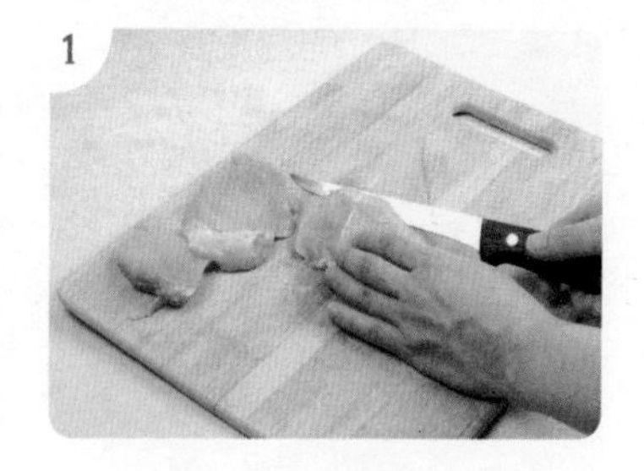

无须羡慕炭火烤整鸡的**柠檬胡椒烤鸡**

分量：4人份

烹饪时间：90分钟

难易度：中级

"烤鸡搭配早餐面包和西蓝花、卷心菜沙拉食用更加美味。周末看着棒球比赛，和家人围坐在一起吃晚饭真是太棒了。"

材料

☐ 整鸡 1只（1.2kg）	**I 柠檬胡椒调料 I**	☐ 柠檬 2个（榨汁）
☐ 黄油 1/2大勺（1）	☐ 食盐 2大勺	☐ 柠檬皮 2个（榨汁）
☐ 黄油 1/2大勺（2）	☐ 胡椒粉 2大勺	☐ 橄榄油 1大勺
☐ 牙签或是竹签 6根	☐ 柠檬皮 2个的分量	☐ 迷迭香 1棵
☐ 橄榄油 1大勺		
	I 鸡肚里填料 I	
	☐ 小洋葱 1/2个	

制作指南

1. 流水将鸡内外冲洗2~3遍，用厨房用纸将水分擦干。

2. 碗中放入食盐、胡椒粉、柠檬皮混合制作柠檬胡椒调料。

3. 在大碗中放入切细丝的小洋葱，榨汁柠檬，2个剩下的柠檬皮，1大勺橄榄油，1棵迷迭香，将各种食材拌匀制作鸡肚填料食材。

4. 将鸡肚食材都塞入鸡肚里，然后用长木签将鸡肚子封起来，再用线将鸡腿捆绑起来。

5. 将填好鸡肚的鸡放入烤制容器中，首先抹上1大勺橄榄油，再涂上黄油（1）。然后将柠檬胡椒调料均匀抹满鸡整体，将1棵迷迭香和柠檬放在容器中，180℃烤制60分钟，拿出后将黄油（2）涂满鸡的整体，然后再放入烤箱烤60分钟即可。

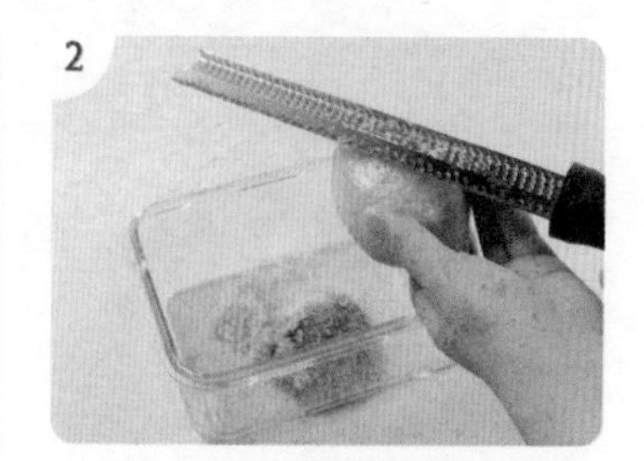

满满回忆味道的番茄酱烤鸡腿

分量：4人份

烹饪时间：90分钟

难易度：中级

"我第一次品尝番茄酱烤鸡腿是在加拿大，在邻居家德国奶奶制作的零食中放入韩式辣椒酱开发出了新的味道。"

材料

□ 鸡腿 12个	| 番茄酱调料 |
□ 迷迭香 2棵	□ 番茄酱 1杯
□ 食盐 2大勺	□ 辣椒酱 4大勺
□ 食用油 2大勺	□ 蜂蜜 2大勺
□ 食盐 1小勺	□ 胡椒粉 1/2大勺
□ 胡椒粉 1小勺	

制作指南

1. 鸡腿表面撒上2大勺食盐轻轻搓一下，不要将表皮搓坏，然后用流水清洗，再使用厨房用纸擦干备用。

1

2. 在中火烧热的锅中放入2大勺食用油，然后将鸡腿放在上面，待发出吱喇喇声响时，在鸡腿上均匀撒上1小勺食盐和1小勺胡椒粉。

3. 烤制大约15分钟，使鸡腿肉表面完全酥脆。在烤制鸡腿肉的期间，将所有作料混合制作成番茄酱调料。

3

Tip 不要将表面烤煳，烤出酥脆的褐色即可。由于还要再烤一次，所以即使里面不熟仍有血水流出也不用担心。

4. 烤盘中烤制的鸡腿肉整齐放入烤箱容器中，将番茄酱调料薄薄地涂抹在鸡腿上，然后仅摘取迷迭香的叶子均匀撒在上面。

4

5. 烤箱预热到200℃，将步骤4中的烤箱容器放入，烤制25分钟取出，薄薄地涂抹酱汁以后再次烤制25分钟，最后用剩下的酱汁满满地再刷一次烤15分钟即可。

注意事项

在锅中仅烤一次15分钟，然后在烤箱中烤25分钟，取出后涂抹酱汁，再次放入烤箱中烤25分钟再取出后涂抹酱汁再次放入烤制15分钟完成。

无须动手处理的鸡柳酱蘑菇串

- 分量：4人份
- 烹饪时间：40分钟
- 难易度：中级

“被称为里脊肉的鸡柳无须经过处理做鸡肉串绝对够格！一只鸡只有非常少量的鸡柳。鸡柳比鸡胸肉口感更加柔软，作为下酒菜或是BBQ聚会餐都有绝对的人气。”

材料

□ 鸡柳 12块	□ 料酒 2大勺	□ 胡椒粉 1小勺
□ 尖椒 12个（4串的分量）	□ 白糖 2大勺	□ 木签 20个
□ 蘑菇 12个（4串的分量）	□ 红糖 1大勺	
	□ 蜂蜜 1大勺	
| 酱油调料酱 |	□ 蒜泥 1大勺	
□ 酱油 6大勺	□ 生姜泥 1小勺	
□ 水 1/2杯	□ 香油 1小勺	

制作指南

1. 在小碗中放入酱油、水、料酒、白糖、红糖、蜂蜜、蒜泥、生姜泥、香油和胡椒粉混合制成酱油调料酱。

2. 将步骤1中的调料酱放在鸡柳上，盖上保鲜膜放入冰箱中冷藏15分钟左右。

   Tip 如果马上食用的话也可以戴上卫生手套，用手均匀地搅拌鸡柳和调料酱使其入味，然后直接烤制。

3. 将1块鸡柳串在木签上制作鸡柳串。其他的竹签交替串上3个蘑菇和2个尖椒备用。

   Tip 蘑菇2等分后使用，也可以用白色双孢菇来代替褐色珍宝菇。尖椒也可用其他辣椒代替。

4. 烧热的锅中整齐地放入鸡柳串和蘑菇尖椒串，同时放入调味酱烧开。经常用勺子给鸡柳浇调料酱汁既能上色也能入味，烹饪5~7分钟直至呈现美味的褐色。

   Tip 如果没有调整好火候，调料减少的话，可以尽快加入1/4杯水补充调料酱。

5. 当呈现美味的褐色时即可出锅盛盘上桌了。

2

3

5

注意事项

没有酱油调料酱，使用市场销售的照烧汁可以缩短烹饪时间。即使没有煎锅，用BBQ聚会用锅来烤制也非常美味。

酱汁美味的**葱丝炸鸡**

- 分量：4人份
- 烹饪时间：25分钟
- 难易度：中级

"葱丝炸鸡又叫葱鸡，韩国式酸酸的拌葱丝搭配炸鸡一起食用，作为开胃的下酒菜也是人气满分。"

材料

- □ 鸡胸肉 2块（600g）
- □ 全粉 4大勺
- □ 酱油 2大勺
- □ 料酒 2大勺
- □ 蒜泥 1/2大勺
- □ 鸡蛋 1个
- □ 细辣椒粉 1/2小勺
- □ 食用油 2杯（500ml）
- □ 追加用辣椒片 1小勺（可省略）
- □ 细葱 8棵

| 葱丝调料 |

- □ 酱油 2大勺
- □ 食醋 1/2大勺
- □ 辣椒片 1小勺
- □ 白糖 1/2小勺

制作指南

1. 鸡胸肉切成1.5cm大小，放入全粉、酱油、料酒、蒜泥、鸡蛋和细辣椒粉拌匀。

2. 葱用葱丝刀切丝浸入冰水中，将酱油、食醋、辣椒片和白糖混合制成葱丝调料备用。

Tip 将葱丝放入冰水或是凉水中浸泡就可以去除葱特有的辣味。

3. 将2杯食用油倒入锅中，待油温升到180℃，放入步骤1中的鸡胸肉炸制5分钟后盛入盘中。

4. 在大碗中放入葱丝调料和沥干水分的葱丝，轻轻拌匀，在步骤3中的鸡胸肉上放上葱丝，也可再撒上1小勺辣椒片，就完成了。

Tip 如果没有辣椒片也可以将干辣椒带种捣碎使用。

注意事项

拌葱丝在食用之前再加入调料，在鸡肉端上桌之前再满满地放上葱丝才不会软塌。

酸酸甜甜蔬菜水果丰富的糖醋鸡肉

分量：4人份

烹饪时间：30分钟

难易度：中级

"忘记平时吃的牛肉糖醋肉和猪肉糖醋肉吧。今天就享受用蔬菜水果和鸡胸肉制作的糖醋鸡肉吧。"

材料

- □ 鸡胸肉 1块（300g）
- □ 黄瓜 1个
- □ 胡萝卜 1/2个
- □ 罐头菠萝 6块
- □ 奇异果 2个
- □ 金针菇 100g（或是1袋）
- □ 红色迷你甜椒 3个（或是红色甜椒 1个）
- □ 炸制用油1杯
- □ 酱油 1大勺
- □ 料酒 1大勺
- □ 胡椒粉 1小勺

| 糖醋肉面糊 |

- □ 鸡蛋 1个
- □ 淀粉 3大勺

| 酱汁 |

- □ 水 1杯
- □ 白糖 1/2杯
- □ 酱油 1大勺
- □ 食醋 2大勺

| 淀粉水 |

- □ 淀粉 3大勺
- □ 水 3大勺

制作指南

1. 鸡胸肉切成4cm×1cm大小，蔬菜切成长4cm、宽1cm大小。水果切为适合入口大小。

2. 小碗中放入处理过的鸡胸肉、酱油、料酒、胡椒粉、鸡蛋和淀粉混合均匀。

   Tip 将所有食材放入保鲜袋中晃动混合会比较简单。

3. 将步骤2中的鸡胸肉放入预热到180℃的油锅中炸制3分钟。

   Tip 在油中放入一点面糊，如果先掉到锅底然后接着浮上来的话说明油温正合适。

   Tip 如果炸制2遍的话会更加酥脆。

4. 大锅中放入水、白糖、酱油和食醋，倒入淀粉水搅拌，熬制酱汁。酱汁变稠后关火，最后放入蔬菜、水果和金针菇。在盘中放入鸡胸肉和酱汁就完成了。

注意事项

水果和金针菇直接食用也可以，所以一定要在酱汁快完成的时候再放入，食材的口感才不会被破坏，也不会熟过头。

涂抹花生酱后烤制的木签鸡肉

分量：4人份

烹饪时间：25分钟

难易度：初级

“香喷喷的花生酱里放上辣辣的青阳辣椒味道非常开胃。边谈笑边品尝妙趣横生的木签鸡肉吧。”

材料

- □ 鸡胸肉 2块（600g）
- □ 食盐 1小勺
- □ 胡椒粉 1小勺
- □ 青阳辣椒 1个
- □ 木签 12个

| 花生酱汁 |

- □ 花生酱 6大勺
- □ 米醋 4大勺
- □ 酱油 2大勺
- □ 细红糖 1小勺
- □ 细辣椒粉 1捏

制作指南

1. 将花生酱汁食材按分量全部混合均匀制作酱汁。

2. 鸡肉切薄，大约4cm大小，撒上食盐、胡椒粉提前入味。

Tip 鸡肉切成薄薄的小方块。

3. 处理过的鸡胸肉用竹签串起来备用。在串好的肉上用刷子涂上一层花生酱汁（2大勺左右）。

Tip 木签使用前在水中浸泡，烤制的过程中可以防止烧煳。

4. 在中火烧热的锅中倒入食用油，将鸡肉串两面充分煎制5分钟左右。

5. 将青阳辣椒切碎放上装饰，跟酱汁搭配食用。

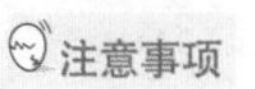

注意事项

在制作花生酱汁时还可以将1/4个苹果剁碎后放入其中，味道也很好。多做一些花生酱汁，涂抹后也可以将剩下的一起端上桌蘸着食用。

美味辣豆瓣酱鸡肉意大利面

分量：2人份

烹饪时间：40分钟

难易度：中级

“在中餐中经常使用的豆瓣酱遇到了意大利料理。与一般的西红柿意大利面相比，试着用甜甜的豆瓣酱来烹饪意大利面吧，一定会符合韩国人口味的。”

材料

□ 水 6杯	□ 料酒 2大勺
□ 意大利面 200g（2人份）	□ 茄子 1/2个
□ 橄榄油 1大勺	□ 辣椒油 2大勺
□ 食盐 1/2大勺	□ 豆瓣酱沙司 2大勺
□ 鸡胸肉 1块（300g）	□ 白糖 1大勺
□ 蒜泥 2大勺	□ 香油 1/8小勺

制作指南

1. 在大锅中倒入6杯水烧开，放入1/2大勺食盐和1大勺橄榄油以及2人份的意大利面，煮8分钟。

2. 鸡胸肉竖着切薄片，放入料酒、大蒜提前入味，茄子竖着切成两半，然后切成薄片。

3. 中火将锅烧热倒入辣椒油翻炒鸡胸肉，炒熟后放入茄子、豆瓣酱沙司、白糖调味。

4. 将煮好的意大利面放入步骤3的锅中，洒上香油盛入盘中即可。

2

3

4

鸡肉丸番茄意大利面

分量：4人份

烹饪时间：40分钟

难易度：中级

"说道肉丸，虽然牛肉丸是人气最旺的，但是将鸡胸肉切好放入茴香种做成圆圆大大的狮子头，放到碟子上食用，既有趣，味道也是一绝。"

材料

- □ 橄榄油 2大勺
- □ 意大利面 4人份（500g）
- □ 食用油 2大勺
- □ 食盐 1小勺
- □ 番茄沙司 1瓶（680g）

| 狮子头 |

- □ 鸡胸肉 2块剁碎（600g）
- □ 牛至 1小勺
- □ 百里香 1小勺
- □ 茴香种 1/2小勺
- □ 蒜泥 2大勺
- □ 食盐 1小勺
- □ 胡椒粉 1小勺
- □ 面粉 1杯
- □ 荷兰芹碎（或是意大利荷兰芹）2大勺

制作指南

1. 在煮意大利面的水中放入食盐、橄榄油，煮8分钟后（用笊篱捞出煮至有嚼劲）。

2. 将鸡胸肉和牛至、百里香、茴香种、蒜泥、荷兰芹碎、食盐、胡椒粉放入食品搅拌器中搅拌。

   Tip 如果没有食品搅拌器的话也可以用刀来剁碎，如果购买提前剁好的肉馅可以缩短烹饪时间。

3. 将步骤2中的鸡胸肉分成120g一份，做成圆圆大大的肉丸，表面均匀蘸取面粉备用。

4. 中火将锅烧热后倒入2大勺食用油，将狮子头翻转煎5分钟煎熟。

5. 在狮子头中放入番茄沙司，中火烧开。为使番茄沙司不煳锅要用木铲不断翻动，然后转成小火，盖盖烧10分钟。

6. 在步骤5的锅中放入煮好的意大利面，稍微翻炒一下直至温热即可。狮子头和面盛入盘中，使其看起来美味可口。

2

4

6

注意事项

茴香种（fennel seed）是香辛料中的一种，可以去除肉的腥味，非常适合用于肉丸制作中。如果想要一点辣味的话可以将1/2个青阳辣椒切碎放入其中也非常美味。

凉着食用也美味的西蓝花烤鸡通心粉

- 分量：4人份
- 烹饪时间：40分钟
- 难易度：中级

“用在烤盘中烤制的鸡肉与胡萝卜菠菜味道的彩虹通心粉来完成健康的一餐。即使凉着食用也非常美味，推荐给大家。”

材料

□ 西蓝花 1朵（150g）	I 鸡肉提前入味 I
□ 食盐 1/2大勺	□ 胡椒粉 1小勺
□ 鸡胸肉 1块（300g）	□ 食盐 1小勺
□ 橄榄油 1大勺	
□ 通心粉 4杯（400g）	I 煮通心粉用 I
□ 阿尔弗雷多沙司 4杯	□ 食盐 1小勺
	□ 橄榄油 1大勺

制作指南

1. 西蓝花按朵切开处理后放入加入1/2大勺食盐的沸水中焯5秒钟。

2. 鸡胸肉用食盐、胡椒粉提前入味，在烤盘中每面烤制15分钟。

3. 在其他锅中放入煮通心粉用的1小勺食盐和1大勺橄榄油，将通心粉煮7~8分钟用笊篱捞出。

4. 将提前烧熟的食材放入锅中搅拌盛入盘中，拌入阿尔弗雷多沙司即可。

2

3

4

注意事项

自制阿尔弗雷多沙司

食材：生奶油$1\frac{1}{2}$杯（300ml），鸡汤1/2杯（120ml），白葡萄酒4大勺，橄榄油1大勺，全粉2大勺，蒜泥1/2大勺，月桂树叶1个，帕玛森奶酪1/4杯，食盐1/4小勺，胡椒粉1/4小勺，全粉2大勺，水2大勺。

中火烧热的锅中倒入橄榄油，放入大蒜泥翻炒，然后放入鸡汤、生奶油、白葡萄酒和月桂树叶烧开，再放入全粉水（全粉2大勺+水2大勺）煮至浓度稍稠，期间为使其不粘锅要不断搅拌。酱汁变稠后放入帕玛森奶酪、食盐和胡椒粉即可。

Part 6

鸡汤饮品及相宜配餐

土豆芦笋鸡汤 / 土豆鸡汤 / 双孢菇鸡汤 / 胡萝卜鸡汤 / 西蓝花鸡汤 / 豌豆鸡汤 / 西式鸡汁菠菜 / 熏肉鸡汁豌豆 / 酸奶小茴香汁黄瓜沙拉 / 黄瓜小茴香泡菜 / 花菜小辣椒泡菜 / 烤薯条 / 土豆泥 / 炖双孢菇 / 柠檬拌豆荚 / 凉拌西蓝花 / 酸橙西瓜沙拉 / 牛油果沙冰 / 越南法式咖啡 / 泰式冰茶（Thai Iced Tea）

补充维生素的土豆芦笋鸡汤

分量：4人份

烹饪时间：40分钟

难易度：初级

“首先告知春天到来的芦笋里含有丰富的叶酸，除此之外，还含有钙、膳食纤维、维生素B6、维生素A和维生素C，以及被称为硫胺素的维生素B1，营养成分丰富。对于需要补充大量叶酸的妊娠产妇来说，芦笋是非常好的天然营养剂。”

材料

- □ 芦笋 12根
- □ 土豆 1个（200g）
- □ 黄油 2大勺
- □ 葡萄籽油 1大勺
- □ 鸡汤 2杯（750ml）
- □ 食盐 1小勺
- □ 生奶油 1/2杯（125ml）
- □ 帕玛森奶酪粉 少许（可省略）

制作指南

1. 土豆切成1cm厚的片，芦笋切成4cm长的段。

2. 锅中放入葡萄籽油和黄油，将土豆翻炒2分钟至表面透明，再放入芦笋炒2分钟。

3. 在步骤 2中放入2杯（500ml）鸡汤以及食盐盖上锅盖煮15分钟，土豆煮熟后放入搅拌机中搅拌后放回锅中。

   Tip 用搅拌机搅拌时要轻，然后将剩下的一杯鸡汤一点一点放入，调节好浓稠度。

   Tip 如果将热的东西放入搅拌机时，最好稍微使热气散一下再使用会比较安全。否则盖子有可能“砰”地一下飞掉，所以要多加注意。

4. 在步骤3的锅中放入生奶油后转为小火，调制到稍稠的浓度。为使食材不粘锅，要不断用木铲搅拌10分钟以上。完成后盛入碗里或是杯子中，撒上帕玛森奶酪即可。

   Tip 也可以使用家中已有的调料。搭配白胡椒粉、黑胡椒粉也不错，除此之外，还可以用食盐来调味。

2

3

4

注意事项

芦笋味道较浓，与土豆一起煮汤味道会变得清淡，可以轻松品尝。芦笋还有其他简单的烹饪方法，那就是在热水中焯1分30秒后作为小菜食用。

如丝般柔滑的味道——土豆鸡汤

分量：4人份

烹饪时间：25分钟

难易度：中级

“夏天凉爽的，冬天温暖的，总能让人心情舒畅的土豆汤。没有胃口的时候可以增加胃口，作为早餐食用也非常好。”

材料

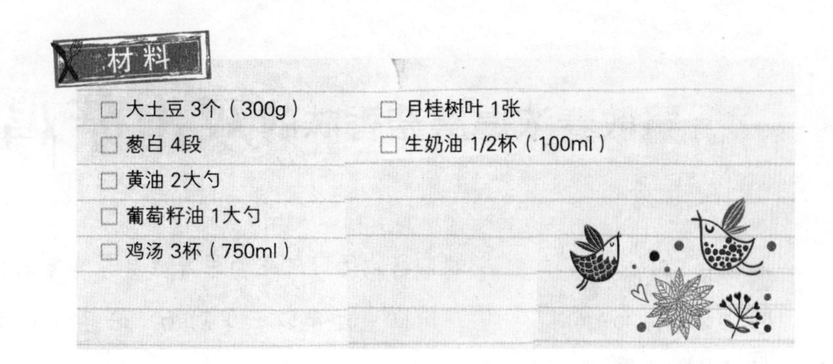

制作指南

1. 锅中放入黄油、葡萄籽油，放入切薄的土豆片和葱花翻炒，炒至黄油出香。

   Tip 在韩国没法购买被称为Leek的美式大葱。也可以将普通大葱的葱白部分切成5cm长的段，再竖着切成葱丝来使用，和美式大葱的味道差不多。

2. 在步骤1的锅中放入鸡汤、月桂树叶，将土豆煮熟。

3. 土豆熟后关火，待放凉后放入搅拌机中搅拌。

4. 在步骤3中的土豆汤中放入生奶油，再煮2分钟调节好浓度即可。

1

2

3

注意事项

也可用1/4个洋葱来代替葱白放入土豆汤中。

飘散着浓厚蘑菇香味的双孢菇鸡汤

分量：4人份

烹饪时间：40分钟

难易度：中级

"双孢菇鸡汤可以作为早餐或是早午餐和法式面包一起食用。可以一次煮好大量的汤，肚子饿的时候食用方便简单。"

材料

□ 双孢菇 3杯（双孢20个）	□ 食盐 1/4小勺（3捏）
□ 小洋葱 1/2个	□ 白胡椒粉 1/4小勺（3捏）
□ 小土豆 1个	
□ 黄油 2大勺	| 白沙司（卤）|
□ 橄榄油 1大勺	□ 黄油 3大勺
□ 鸡汤 2杯（500ml）	□ 牛奶 1/2杯（125ml）
□ 牛奶 1杯（250ml）	□ 面粉 3大勺

制作指南

1. 小土豆和双孢菇切片，小洋葱切细丝。
2. 中火将锅烧热放入2大勺黄油、1大勺橄榄油，再将切好的双孢菇片和洋葱放入翻炒2分钟，转为小火翻炒5分钟，用木铲不断搅动使其不致煳锅，将洋葱炒至透明，放入食盐和白胡椒粉。
3. 将翻炒过的双孢菇和洋葱、鸡汤、牛奶一起放入食品搅拌机中搅拌。
4. 在另外一口锅中放入黄油，溶化后放入面粉，为使面粉和黄油混合好，要尽量快速搅拌，然后放入牛奶，用木铲搅拌4~5次，制作白沙司。
5. 将步骤3中搅拌好的鸡汤菜泥放入制作沙司的锅中，不断搅拌直到汤混合好，温热好后盛入碗中即可。

2

3

5

注意事项

汤的浓度受沙司的影响。如果汤水较稀，中火用木铲搅拌煮4分钟以上，减火后用小火再炖煮7分钟，汤就会变浓稠了。温热汤的时候放上双孢菇片作为装饰，既有咀嚼的口感，又可以品尝到双孢菇鲜美的味道。

温暖橙黄的胡萝卜鸡汤

- 分量：4人份
- 烹饪时间：30分钟
- 难易度：中级

“夏天凉爽地饮用，冬天温暖食用的胡萝卜鸡汤！如果只吃胡萝卜感到有负担的话，可以放入苹果、梨、柿子等各种各样的水果。这道料理是对减肥有卓越效果的健康汤。”

材料

- □ 大胡萝卜 2个
- □ 洋葱 1/4个
- □ 黄油 2大勺
- □ 鸡汤 2杯（500ml）
- □ 桂皮粉 1捏
- □ 食盐 1/8小勺（2捏）
- □ 额外鸡汤 1/2杯（150ml，可省略）
- □ 橙汁 1/2杯（120ml）
- □ 生奶油 1/4杯

制作指南

1. 胡萝卜切成1.5cm宽的圆圆的形状，洋葱切丝。
2. 锅中放入胡萝卜、洋葱、黄油翻炒5分钟至洋葱透明。
3. 在步骤2的锅中倒入鸡汤，中火煮20分钟至胡萝卜煮熟。
4. 锅中煮过的胡萝卜汤食材用搅拌机搅碎，如果胡萝卜汤感觉水分不足，可以将额外1/2杯鸡汤倒入。
5. 在步骤4中放入橙汁、食盐和生奶油煮3分钟后，用桂皮粉提香完成。

对缓解黑眼圈有帮助的**西蓝花鸡汤**

分量：2人份

烹饪时间：30分钟

难易度：中级

“西蓝花是一种健康食材，它的维生素C含量是柠檬的2倍。生吃比较困难的西蓝花可以做成汤食用，可以大量熬制，需要时热一下食用，或是夏天冷食也非常美味。”

材料

- □ 西蓝花 2朵（400g）
- □ 洋葱 1/4个
- □ 胡萝卜 1/2个
- □ 黄油 2大勺
- □ 鸡汤 2杯（500ml）
- □ 牛奶 1/4杯
- □ 生奶油 1/2杯
- □ 食盐 1小勺
- □ 全粉 1大勺
- □ 切达干酪 2张

制作指南

1. 将西蓝花洗干净后，将小朵摘下，洋葱4等分胡萝卜切成粗块。

2. 中火将锅烧热，放入黄油，黄油融化后将蔬菜翻炒2~3分钟，再放入鸡汤和食盐煮制。

3. 将步骤2中的食材放凉后放入搅拌机搅拌。

   Tip 热食材放入搅拌机的话，盖子容易被打开，比较危险，一定要放凉后使用搅拌机搅拌。

4. 将搅拌好的西蓝花放入锅中，再放入牛奶和生奶油，烧开后放入全粉，汤变浓稠后放入切达干酪完成。

   Tip 为了使其不粘锅要经常搅拌来调节浓稠度。

2

2

4

泛着绿色光芒卖相好看的豌豆鸡汤

分量：4人份

烹饪时间：90分钟

难易度：中级

“一般说起豌豆浓鸡汤通常会让人联想到酒店或是高级餐厅，但是无论是谁都能在家做出美味的豌豆浓鸡汤。香喷喷的豌豆汤是与鸡肉料理搭配也很赞的极品汤，孩子们也非常喜欢。”

材料

- ☐ 豌豆 4杯（500g）
- ☐ 细葱 1根
- ☐ 黄油 2大勺
- ☐ 鸡汤 2杯（500g）
- ☐ 生奶油 1/3杯
- ☐ 食盐 1/4小勺（3捏）

制作指南

1. 锅中放入豌豆，切成10cm长的细葱，黄油翻炒。

2. 在步骤1中放入鸡汤煮15分钟，将豌豆煮熟。

   Tip 在微波炉中烤2分钟的话熟得更快。

3. 用搅拌机搅拌后重新盛入锅中，中火将汤烧热，为使其不粘锅，不断用木铲搅拌。

4. 放入生奶油，中火搅拌5分钟，待其变稠，调节好浓度后，放入食盐调味，盛入碗中，搭配法式棒面包食用。

   Tip 为了调节口味，还可以准备胡椒粉。

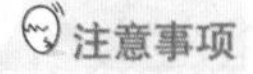

注意事项

在豌豆比较便宜的时候大量购买，放入冷冻室备用，这样四季都可以将豌豆放入料理中使用了。既可以放入豌豆饭、炒饭中，也可以在炖肉时使用，最重要的是，四季都可以品尝到豌豆汤了。

夏季可以品尝凉爽的豌豆汤，到了秋天温热的豌豆汤也非常美味。

含有丰富维生素的西式鸡汁菠菜

分量：4人份

烹饪时间：30分钟

难易度：中级

“菠菜一般都是凉拌或是做汤食用，但是放入生奶油翻炒，和鸡汤搭配食用也是非常好的一道菜。虽然不常见，但一旦品尝就会被它的美味所吸引。”

材料

- □ 菠菜 2捆
- □ 黄油 2大勺
- □ 葡萄籽油 1大勺
- □ 蒜泥 1大勺
- □ 鸡汤 1/2杯
- □ 生奶油 1/3杯
- □ 帕玛森奶酪 1/4杯

制作指南

1. 将菠菜根切除处理，用流水冲洗干净后盛入笊篱中沥干水分，切成5cm长段。

2. 中火将锅烧热，放入黄油、葡萄籽油、蒜泥翻炒，将蒜泥炒香。

3. 菠菜放入锅中，将其炒软。

4. 倒入鸡汤再将菠菜煮2分钟。

5. 放入生奶油和帕玛森奶酪即可完成。

Tip 如果没有帕玛森奶酪也可以稍微放些食盐。

2

3

5

注意事项

西式鸡汁菠菜涂抹在面包或是饼干上食用也非常美味。

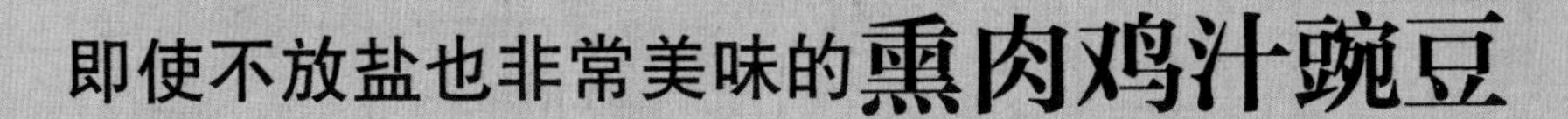

即使不放盐也非常美味的熏肉鸡汁豌豆

分量：4人份

烹饪时间：40分钟

难易度：中级

"豌豆放入米饭中也非常漂亮，放入其他料理中也毫不逊色，是非常多用的食材。即使不放盐也非常清淡可口，加之咸津津的熏肉，非常美味。"

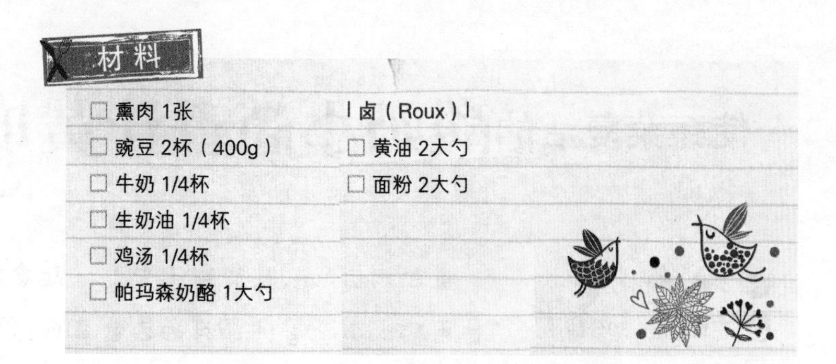

材料

- □ 熏肉 1张
- □ 豌豆 2杯（400g）
- □ 牛奶 1/4杯
- □ 生奶油 1/4杯
- □ 鸡汤 1/4杯
- □ 帕玛森奶酪 1大勺

| 卤（Roux）|

- □ 黄油 2大勺
- □ 面粉 2大勺

1. 熏肉提前在锅中烤一下去除油分，剁碎。

2. 中火将锅烧热，黄油融化后放入面粉快速翻炒使卤（Roux）不致煳锅。

3. 在步骤2的锅中放入牛奶、豌豆、鸡汤、生奶油熬制3分钟。

   Tip 如果想用食盐、胡椒粉调味的话，可以1捏1捏地放入。

4. 放入生奶油煮2分钟，将帕玛森奶酪和熏肉作为装饰放入盘中即可。

2

3

使蔬菜复活的酸奶小茴香汁黄瓜沙拉

分量：4人份

烹饪时间：30分钟

难易度：中级

"虽然鸡肉和酸酸甜甜的萝卜一起食用非常美味，但是用酸奶小茴香汁调拌的西式黄瓜沙拉，在吃炸鸡的时候一起食用，既可以去除油腻，小茴香的香味弥漫在口中也非常开胃。"

材料

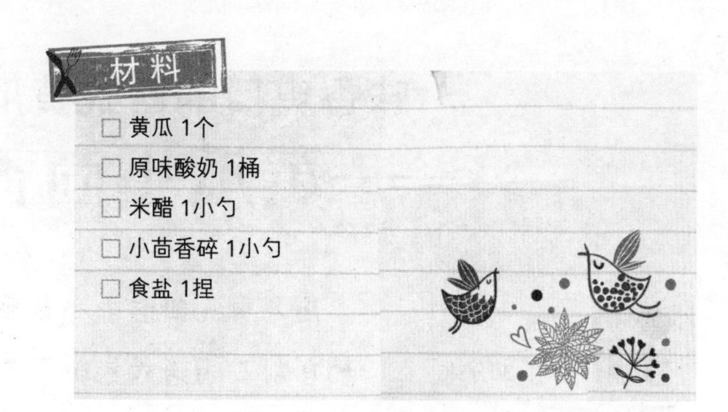

- □ 黄瓜 1个
- □ 原味酸奶 1桶
- □ 米醋 1小勺
- □ 小茴香碎 1小勺
- □ 食盐 1捏

制作指南

1. 黄瓜切成圆形薄片。
2. 小茴香用刀剁碎，将米醋和酸奶混合制作酱汁。
3. 黄瓜里放入小茴香酸奶酱汁和食盐调拌完成。

1

2

3

注意事项

虽然小茴香经常用于西方生鲜料理中，但是也可以将其剁碎后混入蛋黄酱或是原味酸奶中使用。

食用前可以放入冰箱，待其变凉后食用更加美味。

味香爽口的西式黄瓜泡菜

——黄瓜小茴香泡菜

分量：1瓶

烹饪时间：30分钟

难易度：中级

"加入香气四溢的小茴香，开胃的黄瓜小茴香泡菜搭配自制三明治或是比萨还有炒饭食用非常不错。"

材料

□ 黄瓜 4根
□ 小茴香 6棵
□ 食醋 1/2杯（125ml）
□ 腌渍香料粉 2大勺
□ 食盐 2小勺

| 泡菜水 |
□ 水 1杯（250ml）
□ 白糖 1/2杯（125ml）

制作指南

1. 按照瓶子的高度将黄瓜四等分后切成竖长条，小茴香在水中冲洗，使用厨房用纸将水分擦干。

2. 小调料锅中放入所有的泡菜水食材煮制。

3. 将黄瓜和小茴香整齐插入瓶中。

4. 将泡菜水放入盛有黄瓜和小茴香的瓶子中，盖盖，5天后取出食用。

1

2

4

注意事项

250ml的瓶中放入2根黄瓜比较合适。4根黄瓜可以做2瓶（500ml）黄瓜泡菜。

对于再次使用的瓶子，要将其放入大锅中，倒入没过瓶子的水量，将瓶口朝向锅底，煮10分钟消毒，然后用夹子将其取出，常温干燥消毒。如果不对空瓶子消毒的话，泡菜会坏掉，没法长时间食用。

首先被其多彩颜色所吸引的花菜小辣椒泡菜

分量：2人份

烹饪时间：30分钟

难易度：中级

“花菜的烹饪方法不是很多，经常炖来食用，但是由于其是比较结实的蔬菜，作为泡菜食材使用也毫不逊色。将其做成泡菜跟其他料理搭配食用会使饮食的美味更加凸显。”

材料

□ 花菜 1朵（200g）	**I 食醋水 I**	□ 胡椒子 10个
□ 红色小辣椒 3个	□ 水 2杯（500ml）	□ 八角 1个
□ 黄色小辣椒 3个	□ 食醋 1杯（250ml）	□ 月桂树叶 2片
□ 橘黄色小辣椒 3个	□ 白糖 1杯（150g）	
□ 青阳辣椒 4个	□ 食盐 1小勺	
	□ 干红辣椒 5个	

制作指南

1. 用刀将花菜茎部分切掉，花部分切成小朵，小辣椒和青阳辣椒去根用水清洗。

2. 小锅中放入食醋、水、白糖、食盐、胡椒子、月桂树叶、八角、干红辣椒烧开，制成食醋水。

3. 将蔬菜食材按颜色均匀放入干燥的瓶子中，放至大约1/3的容量，在食醋水热的时候直接倒入，盖盖，室温发酵一天。

1

2

3

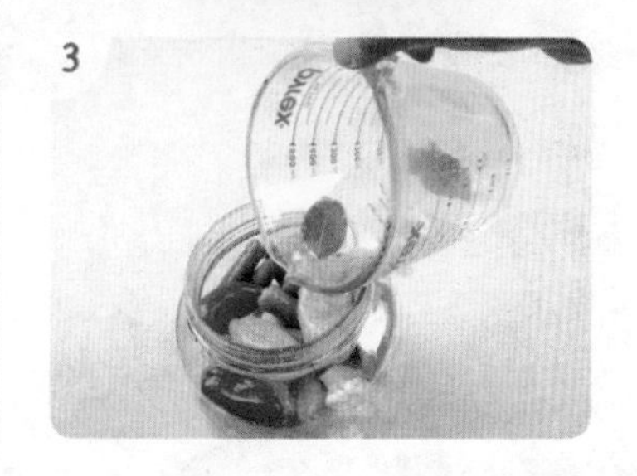

注意事项

空瓶在使用前需要放入沸水中杀菌2分钟，在室温中将瓶子晾干消毒后使用，这样泡菜就不会产生霉菌，食用安全。泡菜需少量制作，最好一周内吃完。

不仅用土豆来煮汤，自制美味烤薯条

分量：4人份

烹饪时间：90分钟

难易度：中级

“与普通的法式煎炸相比，试着做一下比较厚重、看起来美味的烤薯条吧。鸡肉和土豆是天生一对。热的时候食用，可以品尝到香喷喷的味道。真是非常美味。”

材料

- □ 大土豆 4个
- □ 橄榄油 3大勺
- □ 蒜泥 1大勺
- □ 荷兰芹 2大勺（或是干荷兰芹）
- □ 食盐 1小勺
- □ 胡椒粉 1小勺

制作指南

1. 土豆竖着切成两半，再竖着从边上开始切成4等份。

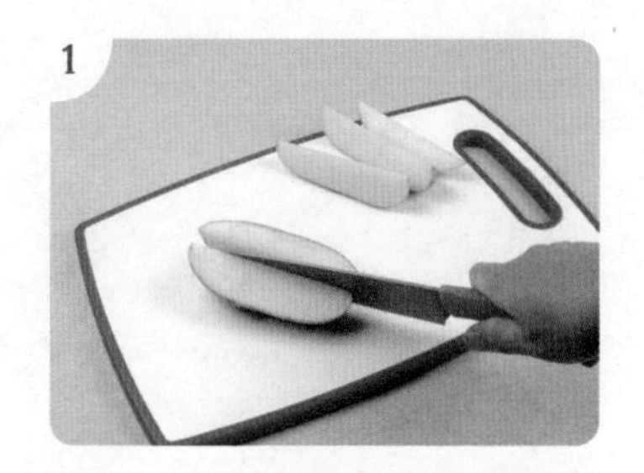

2. 大碗中放入土豆和橄榄油、蒜泥、荷兰芹、食盐、胡椒粉，用手将食材拌匀。

3. 将土豆整齐排在烤盘上，烤盘预热到200℃后烤制25分钟。

Tip 搭配番茄酱和芥末酱食用也非常美味。

注意事项

没有烤箱的话，就在干平底锅中涂上油，盖盖中火烤制，为使其不粘锅，锅中要放入1大勺水。

与鸡排绝配的土豆泥

- 分量：4人份
- 烹饪时间：90分钟
- 难易度：中级

“土豆是非常容易购买到的食材，价格也低廉，是主妇们经常使用的食材之一。家中如果蒸土豆的话，试着将其做成土豆泥吧。它与鸡排等肉类食物非常搭。聚会时制作会大受欢迎。”

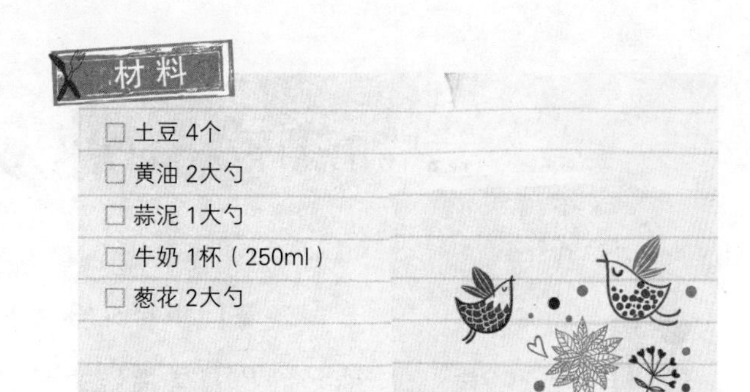

材料

- □ 土豆 4个
- □ 黄油 2大勺
- □ 蒜泥 1大勺
- □ 牛奶 1杯（250ml）
- □ 葱花 2大勺

制作指南

1. 土豆带皮煮后剥皮。

   Tip 在土豆热着的时候用干布巾剥皮，比较容易剥掉。

2. 碗中放入土豆和黄油、蒜泥、牛奶捣压。

   Tip 如果喜欢湿润的口感，可以用牛奶来调节。

3. 最后放入葱花搅拌即可完成。

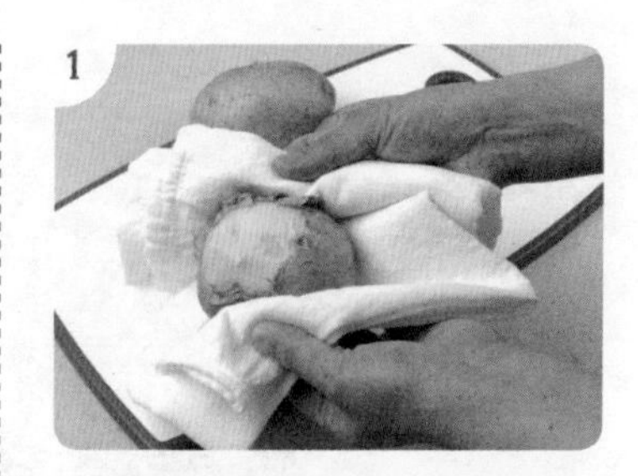

注意事项

土豆如果在微波炉中加热的话土豆皮会变硬不好剥，土豆特有的甜味也出不来。一定要用蒸锅蒸才能保留土豆的营养成分和甜味，也才可以品尝到软软的土豆原有的味道。

盛土豆泥的时候用大碗，晚饭时和家人一起分食也是增进感情的好方法。

满嘴蘑菇香味的炖双孢菇

分量：4人份

烹饪时间：30分钟

难易度：中级

"在西餐厅中可以品尝到的炖双孢菇．用红酒和橄榄油炒制是非常高级的味道．和鸡肉搭配也是非常不错的配餐。"

材料

- □ 双孢菇 20个（或是蘑菇1盒）
- □ 黄油 2大勺
- □ 橄榄油 1大勺
- □ 红酒 2大勺
- □ 蒜泥 1/2大勺
- □ 食盐 1/4小勺（3捏）
- □ 胡椒粉 1/4小勺（3捏）
- □ 荷兰芹碎 1大勺

制作指南

1. 锅中倒入黄油和橄榄油，放入双孢菇和蒜泥充分翻炒10分钟。
2. 双孢菇中放入红酒烧5分钟，但注意不要煳锅。
3. 待双孢菇烧好时，放入食盐、胡椒粉调味，撒上荷兰芹粉即可。

1

2

3

注意事项

即使不用双孢菇，也可以用平菇或是迷你褐蘑菇代替烹饪也非常美味。

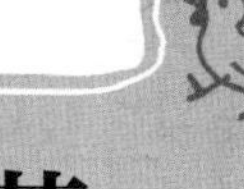

弥漫着清爽柠檬香味的**柠檬拌豆荚**

分量：4人份

烹饪时间：30分钟

难易度：中级

“上面撒有黄色柠檬皮的拌豆荚，既不辣也不咸，作小食正合适。”

材料

- □ 豆荚 200g
- □ 黄油 1大勺
- □ 橄榄油 1大勺
- □ 辣椒片 1大勺
- □ 食盐 1/4小勺（3捏）
- □ 胡椒粉 1/4小勺（3捏）
- □ 柠檬皮 1个的量

制作指南

1. 将豆荚放入沸水中焯20秒后用笊篱沥干水分。

2. 热锅中倒入黄油、橄榄油，放入豆荚炒至黄油香气四溢。

3. 豆荚中放入食盐、胡椒粉调味，再放入辣椒片翻炒2分钟后盛入盘中，均匀撒上柠檬皮就完成了。

注意事项

这是和牛肉、鸡肉非常搭配的菜品。如果不喜欢放油的话可以用微波炉烤熟豆荚，取出后放入调料调味，拌匀后盛入盘中，撒上柠檬皮，简单美味。

用西蓝花茎制作的凉拌西蓝花

分量：4人份

烹饪时间：40分钟

难易度：中级

"将西蓝花朵吃掉后，剩下的西蓝花茎不要扔掉。只要有调味汁，凉拌西蓝花出炉！可以跟炸鸡搭配食用，作为减肥沙拉食用也非常不错。"

材料

- □ 西蓝花茎 5个（500g）
- □ 小胡萝卜 1/2个
- □ 蛋黄酱 1/2杯
- □ 白糖 1小勺
- □ 米醋 1大勺
- □ 牛奶 2大勺
- □ 葡萄干 2大勺

制作指南

1. 西蓝花茎剥皮切成细丝，小胡萝卜也切好盛入碗中混合。

2. 放入蛋黄酱、白糖、米醋、牛奶混合制作凉拌调料汁。

3. 将调料汁放入切好的西蓝花茎和胡萝卜中拌匀，最后放入葡萄干就完成了。

2

3

5

注意事项

将西蓝花朵切除后剩下的西蓝花茎不要扔掉，集中起来放入保鲜袋中冷藏保管，然后切好后放入炒饭或是沙拉中使用。

嫌麻烦不愿做蛋黄酱的时候，在市场销售的沙拉酱中混入米醋搅拌，就做成了简单的凉拌酱汁。

制作简单吃起来爽口的**酸橙西瓜沙拉**

分量：4人份

烹饪时间：25分钟

难易度：中级

"将夏季的时令水果西瓜做成沙拉来食用也非常不错。特别是在食用辣味料理时，西瓜沙拉可以消除辣味，酸橙的酸味和西瓜的甜味相协调，将胃口一下就拉回来了。"

材料

- □ 西瓜 4块（一般三角形模样）
- □ 酸橙汁 1大勺
- □ 酸橙皮 1个的分量
- □ 白糖 1大勺

制作指南

1. 西瓜切成大小1.5cm的方块。

2. 西瓜中放入酸橙皮和酸橙汁、白糖，轻轻搅拌，然后放入冰箱中，这样就可以吃到清凉爽口的西瓜沙拉了。

注意事项

西方经常将柑橘Citrus之类的果皮磨碎作为香辛料食用。Zest是指酸橙、柠檬、橙子等的皮用削皮机打碎后的东西。

开怀畅饮吧，牛油果沙冰

分量：4人份

烹饪时间：30分钟

难易度：中级

"牛油果的表皮像鳄鱼皮一样不平整，也被称作"鳄梨"，它是膳食纤维、钙质、维生素C、维生素K、维生素B6和叶酸含量都非常丰富的水果。半个牛油果只有160卡路里的热量，对减肥和美容都有卓越的功效。"

材料

- □ 牛油果 2个
- □ 牛奶 $1\frac{1}{4}$杯（300ml）
- □ 冰块 15个
- □ 椰果片（可以省略）

制作指南

1. 牛油果竖着切一道口后，用手抓住两半向相反的方向一拧，就分成了两半。

   Tip 1/2个牛油果可以制作一杯沙冰，是1个人的分量。

2. 用刀底部轻轻插入牛油果核上部，按顺时针方向稍一用力，牛油果核就取出了。

3. 牛油果果肉和皮之间插入勺子转一下，只将果肉剥出。

   Tip 用小刀放入转一下，果肉也很容易取出。

4. 在食品搅拌器中放入牛油果果肉、冰块和牛奶，搅拌至沙冰的浓稠度合适。盛入漂亮的碗中即可。

1

2

4

注意事项

放入冰块和牛奶做出想要的浓稠度。

如果用烘焙时使用的像雪一样洁白的椰果片进行装饰，看起来漂亮，味道也更加香甜。

将疲劳一扫而光香气四溢的**越南法式咖啡**

分量：4人份

烹饪时间：25分钟

难易度：初级

"越南人们最喜欢的咖啡是杜梦法式咖啡。吃米粉的时候一定不能忘记喝上一杯放入炼乳的法式咖啡，虽然味道很强烈，但是咖啡香味是极具魅力的。"

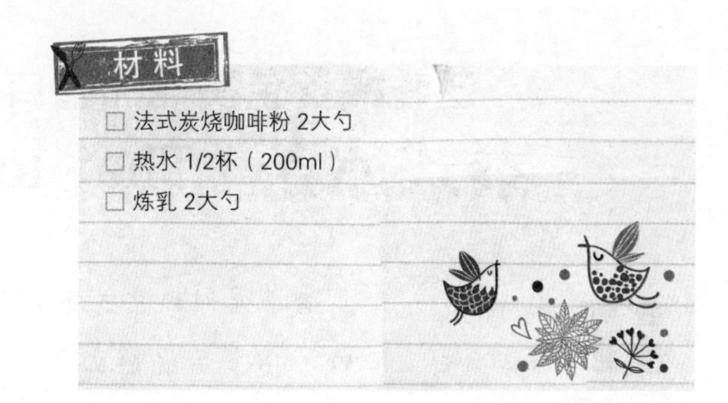

材料

- □ 法式炭烧咖啡粉 2大勺
- □ 热水 1/2杯（200ml）
- □ 炼乳 2大勺

制作指南

1. 在咖啡机或咖啡壶中放入法式咖啡粉，倒入热水，紧按把手，浸泡4分钟。
2. 杯中放入2大勺炼乳，倒入泡好的法式咖啡即可。

2

3

注意事项

夏天放入冰块喝起来凉爽，冬天温热着喝也非常暖和。

如果想喝起来比较凉爽，就在步骤2完成后，将其倒入放满冰块的杯子中即可。

泛着橘黄色美丽光芒口感独特的

泰式冰茶（Thai Iced Tea）

- 分量：2人份
- 烹饪时间：30分钟
- 难易度：中级

“香味强烈的泰式冰茶是泰国人用餐时非常喜欢的茶饮。用餐后温热的茶饮将身体中残留的油腻分解，对健康也是有益的。夏天爽快享用，冬天温暖品尝吧。”

材料

- □ 泰式茶粉（Thai Tea） 1/2杯
- □ 热水 1杯（250ml）
- □ 冰块 1杯
- □ 白糖 4大勺
- □ 牛奶 4大勺

制作指南

1. 将泰式茶粉（Thai Tea）放入茶杯中。

   Tip 使用咖啡机也是可以的。

2. 倒入热水，泡3分钟。

3. 待泰式茶出味以后，仅将茶水倒出。

4. 1杯冰块装满一半，倒入泡好的泰式茶、糖浆、牛奶。

   Tip 糖浆是将白糖和水按1:1的比例放入锅中，煮至白糖化开。

1

2

4

注意事项

如果没有咖啡机，就将水盛入锅中，烧开后放入泰式茶粉和白糖，浸泡7分钟后，用网将残渣过滤掉。泡好的茶放凉后装入空瓶中，放入冰箱保存。将冰块盛入杯中，放入咖啡、奶油或是牛奶就可以凉爽饮用了。